张小泉剪刀锻制技艺

张小泉剪刀锻制技艺

总主编 杨建新

杭州张小泉集团有限公司 编著

浙江摄影出版社

总序

浙江省人民政府省长 吕祖善

中华传统文化源远流长，多姿多彩，内涵丰富，深深地影响着我们的民族精神与民族性格，润物无声地滋养着民族世代相承的文化土壤。世界发展的历程昭示我们，一个国家和地区的综合实力，不仅取决于经济、科技等"硬实力"，还取决于"文化软实力"。作为保留民族历史记忆、凝结民族智慧、传递民族情感、体现民族风格的非物质文化遗产，是一个国家和地区历史的"活"的见证，是"文化软实力"的重要方面。保护好、传承好非物质文化遗产，弘扬优秀传统文化，就是守护我们民族生生不息的薪火，就是维护我们民族共同的精神家园，对增强民族文化的吸引力、凝聚力和影响力，激发全民族文化创造活力，提升"文化软实力"，实现中华民族的伟大复兴具有重要意义。

浙江是华夏文明的重要之源，拥有特色鲜明、光辉灿烂的历史文化。据考古发掘，早在五万年前的旧石器时代，就有原始人类在这方古老的土地上活动。在漫长的历史长河中，浙江大地积淀了著名的"跨湖桥文化"、"河姆渡文化"和"良渚文化"。浙江先民在长期的生产生活中，创造了熠熠生辉、弥足珍贵的物质文化遗产，也创造了丰富多彩、绚丽多姿的非物质文化遗产。在2006年国务院公布的第一批国家级非物质文化遗产名录中，我省项目数量位居榜首，充分反映了浙江非物质文化遗产的博大精深和独特魅力，彰显了浙江深厚的文化底蕴。留存于浙江大地的众多非物质文化遗产，是千百年来浙江人民智慧的结晶，是浙江地域文化的瑰宝。保护好世代相传的浙江非物质文化遗产，并努力发扬光大，是我们这一代人共同的责任，是建设文化大省的内在要求和重要任务，对增强我省"文化软实力"，实施"创业富民、创新强省"总战略，建设惠及全省人民的小康社会意义重大。

浙江省委、省政府和全省人民历来十分重视传统文化的继承与弘扬，重视优秀非物质文化遗产的保护，并为此进行了许多富有成效的实践和探索。特别是近年来，我省认真贯彻党中央、国务院加强非物质文化遗产保护的指示精神，切实加强对非物质文化遗产保护工作的领导，制定政策法规，加大资金投入，创新保护机制，建立保护载体。全省广大文化工作者、民间老艺人，以高度的责任感，积极参与，无私奉献，做了大量的工作。通过社会各界的共同努力，抢救保护了一大批浙江的优秀非物质文化遗产。“浙江省非物质文化遗产代表作丛书”对我省列入国家级非物质文化遗产名录的项目，逐一进行编纂介绍，集中反映了我省优秀非物质文化遗产抢救保护的成果，可以说是功在当代、利在千秋。它的出版对更好地继承和弘扬我省优秀非物质文化遗产，普及非物质文化遗产知识，扩大优秀传统文化的宣传教育，进一步推进非物质文化遗产保护事业发展，增强全省人民的文化认同感和文化凝聚力，提升我省“文化软实力”，将产生积极的重要影响。

党的十七大报告指出，要重视文物和非物质文化遗产的保护，弘扬中华文化，建设中华民族共有的精神家园。保护文化遗产，既是一项刻不容缓的历史使命，更是一项长期的工作任务。我们要坚持“保护为主、抢救第一、合理利用、传承发展”的保护方针，坚持政府主导、社会参与的保护原则，加强领导，形成合力，再接再厉，再创佳绩，把我省非物质文化遗产保护事业推上新台阶，促进浙江文化大省建设，推动社会主义文化的大发展大繁荣。

2008年4月8日

总主编 杨建新

“浙江省非物质文化遗产代表作丛书”即将陆续出版了，看到多年来我们为之付出巨大心力的非物质文化遗产保护成果以这样的方式呈现在世人面前，我和我的同事们乃至全省的文化工作者都由衷地感到欣慰。

山水浙江，钟灵毓秀，物华天宝，人文荟萃。我们的家乡每一处都留存着父老乡亲的共同记忆。有生活的乐趣、故乡的情怀，有生命的故事、世代的延续，有闪光的文化碎片、古老的历史遗存。聆听老人口述那传讲了多少代的古老传说，观看那沿袭了多少年的传统表演艺术，欣赏那传承了多少辈的传统绝技绝活，参与那流传了多少个春秋的民间民俗活动，都让我深感留住文化记忆、延续民族文脉、维护精神家园的意义和价值。这些从先民们那里传承下来的非物质文化遗产，无不凝聚着劳动人民的聪明才智，无不寄托着劳动人民的情感追求，无不体现了劳动人民在长期生产生活实践中的文化创造。

然而，随着现代化浪潮的冲击，城市化步伐的加快，生活方式的嬗变，那些与我们息息相关从不曾须臾分开的文化记忆和民族传统，正在迅速地离我们远去。不少巧夺天工的传统技艺后继乏人，许多千姿百态的民俗事象濒临消失，我们的文化生态从来没有像今天那样面临岌岌可危的境况。与此同时，我们也从来没有像今天那样深切地感悟到保护非物质文化遗产，让民族的文脉得以延续，让人们的精神家园不遭损毁，是如此的迫在眉睫，刻不容缓。

正是出于这样的一种历史责任感，在省委、省政府的高度重视下，在文化部的悉心指导下，我省承担了全国非物质文化遗产保护综合试点省的重任。省文化厅从2003年起，着眼长远，统筹谋划，积极探索，勇于实践，抓点带面，分步推进，搭建平台，创设载体，干在实处，走在前列，为我省乃至全国非物质文化遗产保护工作的推进，尽到了我们的一份力量。在国务院公布的第一批国家级非物质文化遗产名录中，我省有四十四个项目入围，位居全国榜首。这是我省非物质文化遗产保护取得显著成效的一个佐证。

我省列入第一批国家级非物质文化遗产名录的项目，体现了典型性和代表性，具有重要的历史、文化、科学价值。

白蛇传传说、梁祝传说、西施传说、济公传说，演绎了中华民族对于人世间真善美的理想和追求，流传广远，动人心魄，具有永恒的价值和魅力。

昆曲、越剧、浙江西安高腔、松阳高腔、新昌调腔、宁海平调、台州乱弹、浦江乱弹、海宁皮影戏、泰顺药发木偶戏，源远流长，多姿多彩，见证了浙江是中国戏曲的故乡。

温州鼓词、绍兴平湖调、兰溪摊簧、绍兴莲花落、杭州小热昏，乡情乡音，经久难衰，散发着浓郁的故土芬芳。

舟山锣鼓、嵊州吹打、浦江板凳龙、长兴百叶龙、奉化布龙、余杭滚灯、临海黄沙狮子，欢腾喧闹，风貌独特，焕发着民间文化的活力和光彩。

东阳木雕、青田石雕、乐清黄杨木雕、乐清细纹刻纸、西泠印社金石篆刻、宁波朱金漆木雕、仙居针刺无骨花灯、硖石灯彩、嵊州竹编，匠心独具，精美绝伦，尽显浙江“百工之乡”的聪明才智。

龙泉青瓷、龙泉宝剑、张小泉剪刀、天台山干漆夹苎技艺、绍兴黄酒、富阳竹纸、湖笔，传承有序，技艺精湛，是享誉海内外的文化名片。

还有杭州胡庆余堂中药文化，百年品牌，博大精深；绍兴大禹祭典，彰显民族精神，延续华夏之魂。

上述四十四个首批国家级非物质文化遗产项目，堪称浙江传统文化的结晶，华夏文明的瑰宝。为了弘扬中华优秀传统文化，传承宝贵的非物质文化遗产，宣传抢救保护工作的重大意义，浙江省文化厅、财政厅决定编纂出版“浙江省非物质文化遗产代表作丛书”，对我省列入第一批国家级非物质文化遗产名录的四十四个项目，逐个编纂成书，一项一册，然后结为丛书，形成系列。

这套“浙江省非物质文化遗产代表作丛书”，定位于普及型的丛书。着重反映非物质文化遗产项目的历史渊源、表现形式、代表人物、典型作品、文化价值、艺术特征和民俗风情等，具有较强的知识性、可读性和权威性。丛书力求以图文并茂、通俗易懂、深入浅出的方式，展现非物质文化遗产所具有的独特魅力，体现人民群众杰出的文化创造。

我们设想，通过本丛书的编纂出版，深入挖掘浙江省非物质文化遗产代表作的丰厚底蕴，盘点浙江优秀民间文化的珍藏，梳理它们的传承脉络，再现浙江先民的生动故事。

丛书的编纂出版，既是为我省非物质文化遗产代表作树碑立传，更是对我省重要非物质文化遗产进行较为系统、深入的展示，为广大读者提供解读浙江灿烂文化的路径，增强浙江文化的知名度和辐射力。

文化的传承需要一代代后来者的文化自觉和文化认知。愿这套丛书的编纂出版，使广大读者，特别是青少年了解和掌握更多的非物质文化遗产知识，从浙江优秀的传统文化中汲取营养，感受我们民族优秀文化的独特魅力，树立传承民族优秀文化的社会责任感，投身于保护文化遗产的不朽事业。

“浙江省非物质文化遗产代表作丛书”的编纂出版，得到了省委、省政府领导的重视和关怀，各级地方党委、政府给予了大力支持；各项目所在地文化主管部门承担了具体编纂工作，财政部门给予了经费保障；参与编纂的文化工作者们为此倾注了大量心血，省非物质文化遗产保护专家委员会的专家贡献了多年的积累；浙江摄影出版社的领导和编辑人员精心地进行编审和核校；特别是从事普查工作的广大基层文化工作者和普查员们，为丛书的出版奠定了良好的基础。在此，作为总主编，我谨向为这套丛书的编纂出版付出辛勤劳动、给予热情支持的所有同志，表达由衷的谢意！

由于编纂这样内容的大型丛书，尚无现成经验可循，加之时间较紧，因而在编纂体例、风格定位、文字水准、资料收集、内容取舍、装帧设计等方面，不当和疏漏之处在所难免。诚请广大读者、各位专家不吝指正，容在以后的工作中加以完善。

我常常想，中华民族的传统文化是如此的博大精深，而生命又是如此短暂，人的一生能做的事情是有限的。当我们以谦卑和崇敬之情仰望五千年中华文化的巍峨殿堂时，我们无法抑制身为一个中国人的骄傲和作为一个文化工作者的自豪。如果能够有幸在这座恢弘的巨厦上添上一块砖一张瓦，那是我们的责任和荣耀，也是我们对先人们的告慰和对后来者的交代。保护传承好非物质文化遗产，正是这样添砖加瓦的工作，我们没有理由不为此而竭尽绵薄之力。

值此丛书出版之际，我们有充分的理由相信，有党和政府的高度重视和大力推动，有全社会的积极参与，有专家学者的聪明才智，有全体文化工作者的尽心尽力，我们伟大祖国民族民间文化的巨厦一定会更加气势磅礴，高耸云天！

2008年4月8日

（作者为浙江省文化厅厅长、浙江省非物质文化遗产保护工作领导小组组长）

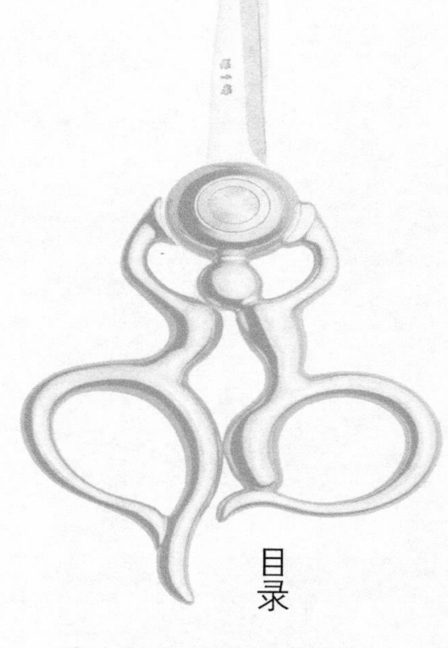

目录

杭州

张小泉剪刀的历史渊源

张小泉剪刀的制作工艺和品牌由张小泉在杭州一手创造。张小泉剪刀锻制技艺尤以『镶钢锻制』最为关键，这一技艺最终形成了七十二道工序。

张小泉剪刀的历史渊源

[壹]关于中国剪刀

剪刀作为日常生活用品，可谓历史悠久，在中国已存在了几千年。早在尧舜时期我们就能看到剪刀的影子，至商周及春秋战国时已出现大量关于“剪”的文字记载。《韩非子·五蠹》中说“尧之王天下也，茅茨不翦（剪的古体字），采椽不斲（zhuó）”，说的是尧生活简陋俭朴，做了王以后仍用茅草覆盖屋顶，且没有修剪整齐。《诗经·召南·甘棠》有“蔽芾（fèi）甘棠，勿剪勿伐，召伯所茇（bá）。蔽芾甘棠，勿剪勿败，召伯所憩。蔽芾甘棠，勿剪勿拜，召伯所说”的诗句，描写周宣王时人民怀念召伯的仁慈德政，在召伯去世后保护他所休憩过的甘棠树，勿剪勿伐。

我国目前能看到的最早的剪刀实物，是20世纪90年代湖南长

唐代铁剪

沙出土的西汉时期南越国铁剪。这把剪刀“直背直刃，前端平齐，刃后双股交叉，把部绕成‘8’字形，全长12.8厘米”。

到唐代，中国古代制剪业出现了第一个地区名牌——并州剪刀。并州即今之山西太原。有杜工部“焉得并州快剪刀，剪取吴淞半江水”诗句为证。明代小说《警世通言》中也有贵妃用并州剪刀铰发的描写。目前全国出土的唐代剪刀估计有数十把。当时剪刀制作仍以铁为主，工艺比汉代更进一步。从出土文物来看，整把剪刀成“8”字形，在手把上形成一个小回环，使剪刀的剪切力更强。

两宋时期剪刀实现了突破性的改革，剪的两刃分离，再用销钉铆合起来，剪刀整体呈现“X”形。这颗销钉如同一个支点，使剪刀可以利用杠杆原理，大大增加其剪切力度。从宋代到今天，“X”形始终是剪刀的主流造型。

宋代铁剪

[贰]剪刀与民俗

剪刀潮

钱江潮闻名天下，被誉为“八月十八潮，壮观天下无”。随着“涛似连山喷雪来”的世界奇观钱江潮水奔涌，杭州钱江潮的名声越来越响亮。

在观潮胜地海宁盐官，人们能欣赏到有名的“一线潮”、“剪刀潮”给人的美感和震撼。钱江潮最凶险的就要数“剪刀潮”了，潮水是贴着堤坎先来的，两边的潮水就像一把张开的剪刀，悄悄地涌起，一同剪向目标，无论是人还是船被这把剪刀剪住，就是有再大的本事也出不来了。

胡适《新婚杂诗》（五首之四）

记得那年，你家办了嫁妆，我家备了新房，只不曾捉到我这个郎！

这十年来，换了几朝帝王，看了多少兴亡，锈了你嫁裳中的刀剪，改了你多少嫁衣新样，更老了你和我人儿一双！——只有那十年陈的爆竹，越陈偏越响！

剪纸艺术

中国的剪纸作为一种民间艺术，相传已有两千多年的历史了。早在战国时期就已有剪纸出现，河南辉县周围村战国墓曾出土过类似用于剪纸艺术的银箔。

相传西汉时汉武帝刘彻的宠妃李夫人去世，汉武帝日夜思念，方士李少翁便剪出了李夫人的样子，把影子投在薄纱幕上，做了一幕皮影戏。

魏晋以后，“镂金剪彩”的风俗日益盛行。晋朝时，浙江乐清的刻纸（细纹）和剪纸（套色）在民间已用来装饰中堂窗户。

至唐代，已经出现了花卉、动物、人物图案的剪纸工艺。段成式《酉阳杂俎》写道：“立春之日，士大夫家剪纸为小幅，或悬挂于佳人之首，或缀于花下。”杜甫亦有诗云：“暖水濯我足，剪纸招我魂。”

[叁]“张小泉”出世

中国古代制剪业最负盛名者当数并州，即今之山西太原。后因北方连年战乱，百业衰退，而南方社会相对安定，经济得以发展，并州剪刀也逐渐为杭州剪刀所取代。据《梦粱录》记载，南宋时杭州已有钉铰（古时剪刀又称铰刀）作坊和修磨剪刀匠作。但在当

张小泉画像

时，杭州剪刀只是颇受消费者欢迎的地方产品，且生产者众多，品质参差不齐。历史似乎在等待一个名牌的出现。

明万历年间，皖南黟县有一位铁匠名叫张思佳，曾在芜湖学得一手精制剪刀的技艺。张思佳学成后，便和儿子张小泉在原籍黟县开设一家剪刀店铺，号“张大隆”。父子俩自制自销，因产品钢火俱佳，经久耐用，博得远近赞誉。而当时杭州剪刀因没有特别出众的产品，大部分民用剪刀都从皖南贩来。

明末，为谋求发展，张小泉举家迁至杭州，在市井繁华、客流云集的吴山北麓大井巷，搭棚设灶开起了剪刀作坊，招牌仍用“张大隆”。

那时吴山脚下大井巷、清河坊一带，是杭州的商业中心。由于张小泉秉承父亲创业时一丝不苟的精神，在制作剪刀时，选用浙江龙泉、云和的好钢，精工细作，制出的剪刀以锋利、耐用、精巧著称，一时间声名远播、生意红火。

20世纪60年代在剪刀师傅中流传这样一个故事。当年张小泉用大井巷大井的水淬火。但是钱塘江里有两条乌蛇，每隔千年就会钻到这口大井里作乱，口吐毒液，使井水变质发臭。张小泉听说后，喝了雄黄酒，拎起大锤就下井去了。他在井底看到两条漆黑发亮的乌蛇缠绕在一起，便眼明手快，抡起大锤砸在乌蛇的七寸处，把两条蛇的脖子砸得扁扁的，粘到了一起。张小泉把蛇拖回家中，揣摩了几天几夜，灵机一动，他在蛇颈身相交的地方安上一颗销钉，把蛇尾巴分开弯过来做成把手，把蛇颈敲扁，磨得锋利。如此，张小泉神奇地打造出了第一把支轴剪。

这则神话故事的真实性虽然不强，但也能从侧面反映出张小泉及张小泉剪刀在当时人们心目中的地位。

“张大隆”剪刀生意兴隆，当时就有人跟着制剪，并冒充“张大隆”的牌子出售。张小泉气愤之余，于清康熙二年（1663年），毅然将“张大隆”改成自己的名字“张小泉”，以为姓名不同别人无法冒用。“张小泉”品牌成名的历史，也就从此开始，直至后来成为中国传统工业的一块金字招牌。

[肆]品牌保护

一、拦轿告状

清光绪二年（1876年）。张利川去世，其子张永年尚幼，店铺由母孙氏掌管。

由于“张小泉”“生意兴隆，利市十倍”，致使“同行冒牌，几乎遍市”。当时在杭州城中就出现了“老张小泉”、“真张小泉”，或“张小淥”、“张小全”；或在“张小泉”三字下加“琴记”、“井记”、“谨记”、“静记”等剪刀店铺，都自称“百年老店”。范祖述在《杭俗遗风》中写道：“杭剪唯张小泉，其老店在大井巷，名张小泉近记。余皆冒名而影射者。要之，杭城剪刀店，举目皆张小泉。居于斯长于斯者，尚不能辨其真伪，况异乡旅行者乎。”

时有诗云：“青山映碧湖，小泉满街巷。”足见市井中冠张小泉名的剪刀铺之众多。

面对如此多的“张小泉”剪刀，消费者分不清真伪，从而严重影响了张小泉近记剪刀的销售。在严峻的现实面前，作为实际经营店务的孙氏，于光绪十六年向官府告状，以保护自己的权益。

当时钱塘（杭州古称钱塘）知县束允泰每逢初一、十五要到城隍山烧香，于是孙氏准备好状纸在他上山烧香的路上拦轿告状，痛陈饱受冒牌之苦，希望得到官府保护。

“永禁冒用”石碑，原件毁于“文化大革命”，现为仿制

官府为了维护名牌产品的正当利益，同时也为维持杭州制剪业的繁荣，提出了解决问题的办法：白水“泉”

字，只能由近记一家独享，其他任何店一律“永禁冒用”，杭城其他制剪作坊，所取字号，必须与白水“泉”有区别。其他剪号可以用泉的繁体字“湶”，或者是音同意不同形不同的“全”与“拳”。张小泉近记剪刀店，在招牌上加“泉”、“近”二字以示区别。自此，杭城制剪业延续二百多年（1663—1890）的有关“张小泉”字号使用权的纷争，总算尘埃落定。

孙氏将“永禁冒用”这一官府颁布的禁令刻石立碑于店门显眼处，成为张小泉近记剪刀的一段佳话。据原张小泉近记剪刀店股东张金宝老人回忆，“永禁冒用”原碑在新中国成立以后的几年内还一直存在于大井巷张小泉近记剪刀店门外，但可惜的是在“文化大革命”中遗失了。

在孙氏掌门期间，“张小泉”店铺已拥有锻制剪坯的炉灶十只，每只炉灶配匠作四人，其余加工者约三十人，店员近十人，总计约八十人，资产达五千银元。

在孙氏经营的后期，为了追求剪刀质量的完美，保证锻打剪刀的炉灶不出次品，从而避免剪刀在制坯时出现次品的损失，她深思熟虑后，开始对经营模式作大胆的创新变革，下决心关歇炉灶，辞退全部的炉灶工匠。离开张小泉近记剪刀店的这些炉灶钳手们，大多自行开设炉坊生产剪坯，也有的另投业主。

在关歇了制坯炉灶以后，张小泉近记所需剪坯，改为向各个制剪炉坊订购。孙氏还对收购剪坯作出了十分严格的规定。

首先，对从张小泉近记出去的钳手所生产的剪坯，只要质量符合要求，优先收购，并且不分淡季、旺季，价格比市价提高一两成。

第二，对收购的剪坯一律付现钱。

第三，对质量过硬、长期稳定的供坯炉坊，“张小泉”发给金折，相当于现在的银行卡，收了剪坯，在金折上写上数量、金额，盖上“近记”印章。客户凭此金折可以去米行购米，也可去原材料市场购钢铁、煤等。足可看出张小泉近记的信誉。

“张小泉”在收货时，须经反复验看，力求细致，以确保剪坯质量。每天下午，这些炉坊生产的剪坯，总是大批拿到大井巷的张小泉近记剪刀店，由该店负责剪刀质量的师傅把关，留下符合质量要求的。然后“张小泉”再用自己作坊的白工（对剪坯后续精细加工的人员）进行刮白、精磨，装配成成品出售。这样做的直接结果是提高了剪坯质量，稳定了剪坯来源，降低了制剪成本。这项改革使“张小泉”有了更大的发展，也使为其提供剪坯的炉坊十分用心，重视质量，从而形成了制剪产业链的良性循环。

二、“海云浴日”商标

1909年，张永年之子，毕业于南京政法大学的张祖盈成为杭州张小泉近记剪刀店的新一代掌门人。

是年，张祖盈把“海云浴日”图案送到杭州知县衙门，转报清政府农商部注册批准。

早在清光绪二十九年（1904年），当中国第一部商标法颁行之初，“张小泉”剪号即以六角图案内篆“张小泉”三字作为商标，报呈农商部注册，获准使用。后因“同业以五角式或七角式、八角式，内篆与‘张小泉’三字相仿佛之商标希图混充”，张祖盈不得不呈请农商部将原用六角式商标注销，改用“海云浴日”商标。

新商标“海云浴日”以图案与文字组合，有云海、有旭日，在图

1904年第一部商标法颁布后张小泉申请的六角形商标

民国年间，张小泉近记剪刀老店的真假声明

原用商標　呈部註銷

杭州張小泉近記剪號

呈部
註冊

泉近

專用海雲浴日商標

說明

本號原用六角式內篆張小泉三字為商標茲因同業以五角式或七角八角式內篆與張小泉三字相彷彿之商標希圖混充爰特呈請農商部將原用六角式商標註銷改用海雲浴日商標特加泉近二字易辨真偽倘蒙賜顧認明此樣商標庶不致誤

開設杭城大井巷中市電話三四五號

1909年，张祖盈呈请农商部更换商标的申请书

中有“泉近”二字，整个商标构成一种和谐的氛围。寓意为一轮旭日正从海平面升起，虽尚未完全离开水面，但已是一片光明，给观者以一种欣欣向荣、蓬勃向上的感受，并预示着“张小泉”这一品牌的远大前程。“海云浴日”商标一直沿用至1966年“文化大革命”初，才暂时中止。

[伍]历史上的辉煌

一、剪刀镀镍

1917年，张祖盈从进口理发剪镀镍得到启发，专门委托好友陈庆生试验国产普通剪刀的镀镍抛光技术。经过反复改进，终于初制成功。镀镍剪刀一上市就大受顾客追捧。

位于杭州吴山脚下大井巷的张小泉剪刀店（1919年）

此举开中国传统民用剪表面防腐处理之先河，1919年获北洋政府农商部六十八号褒奖。在美国费城博览会上再获银奖。张祖盈遂投资五千银元正式修建镀镍工场，雇用师傅一二十人，学徒八九人，年产量在十万把以上。

至此，张小泉剪刀凭借镶钢均匀、钢铁分明、磨工精细、销钉牢固、式样精巧、刻花新颖、经久耐用、刃口锋利、开合和顺、价廉物美等十大特点而驰名中外，以及平整度、光洁度、轻松度、锋利度、均匀度五项指标，业臻完备。

二、辉煌与衰落

自张祖盈1909年受业后，“张小泉”经营发展势头日盛，在国内外多次获奖。继张小泉剪刀获南洋劝业会银奖后，1915年在“万国博览会”再次获奖，使张小泉剪刀名声大振，开始风行东南亚，远销欧美。当时每月门市销售的大小剪刀已经超过万把，金额近

巴拿马“万国博览会”奖牌正面、反面

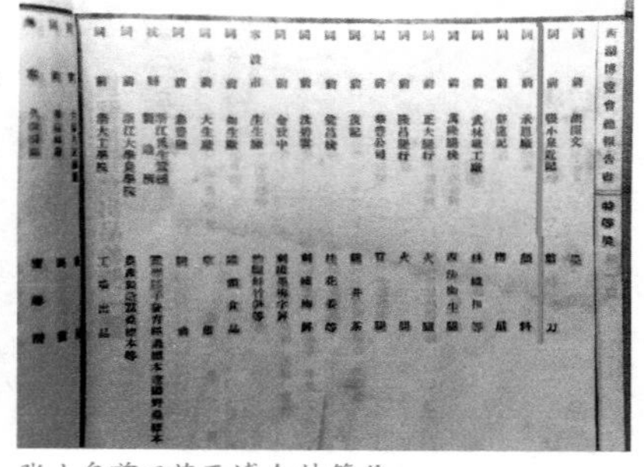
西湖博覽會總報告書
特等獎

张小泉剪刀获西博会特等奖

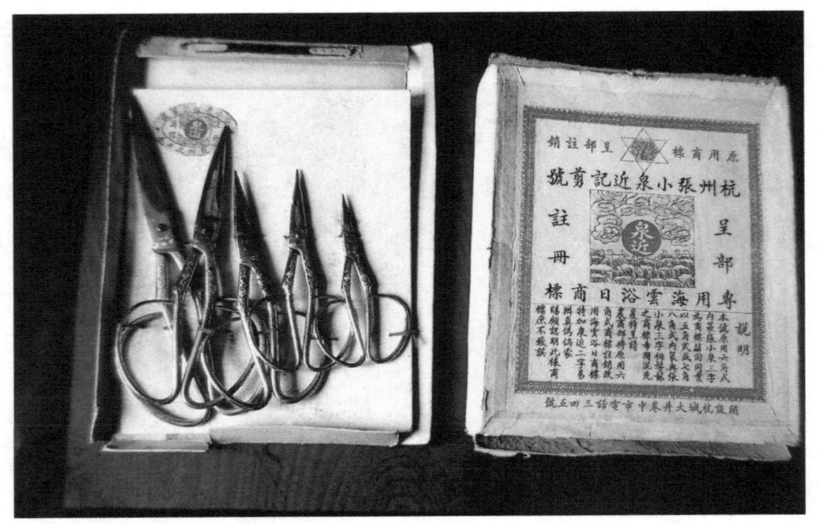

民国时期张小泉近记剪刀

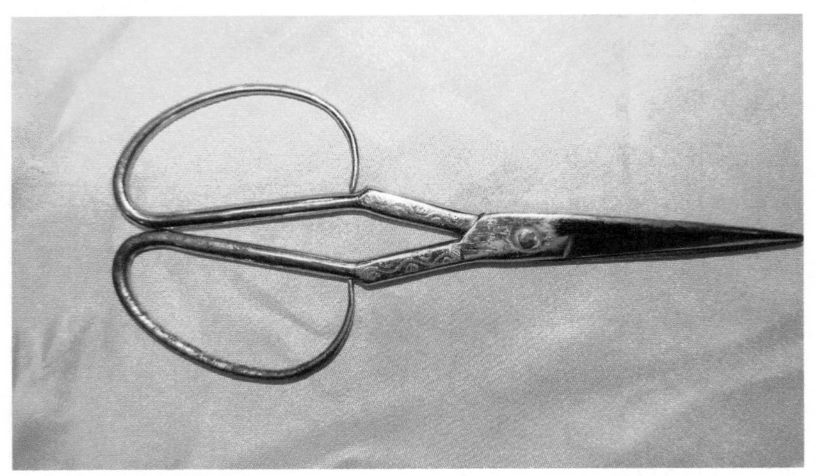

民国时期的张小泉镀镍剪刀

万元。

到1919年，“张小泉”门市每日可获利一百多元，年积累达三万余元。最多的时候，其直接雇用和间接控制的工徒达二百余人。在当时，民间还把张小泉剪刀作为女儿的嫁妆和亲友间的馈赠礼品，足见其影响之深远和在市场上的地位。

为彰显实力，体现诚信，张祖盈还积极推行剪刀“包退、包换、包修”的“三包”制度，深受用户欢迎，市场首肯。

1929年10月，国民政府浙江省主席张静江在举办首届“西湖博览会”时，特邀张小泉剪刀参加，中外客商争相订购，一时成为西湖博览会的抢手货。张小泉剪刀因而获得西湖博览会特等奖的最高荣誉。

1937年，日军占领了杭州。“张小泉”亦在这场战争的灾难中遭受重创，厂店全部被占，停止营业。张祖盈避难外埠。

抗战胜利后，张祖盈回杭，从其岳父家借资一万元，重整旗鼓，但规模只有20世纪20年代的三分之一。在一个短暂时期内，营业的确兴旺过。据1947年11月出版的《浙江经济年鉴》记载，张祖盈在改组后的杭州商业剪刀同业公会中任负责人，同业公会辖三十一家商号，会员一百二十二，会所设华光巷河下4号。

此后因时局动荡，国民政府发行金圆券导致物价飞涨，至1948年，“张小泉”不得不宣告暂时歇业。同时，杭州许多剪刀店和剪刀作坊都破产停业。

1949年1月，商人许子耕以十九根金条顶租了张祖盈的全部家业，但复业不足四月，资本亏蚀殆尽。

新中国成立后，“张小泉”始获新生，政府给予低息贷款、供应原料、订购包销产品等种种帮助，使有三百年历史的张小泉近记剪号又得到了新的发展。1956年12月，在工商业社会主义改造的高潮中，张小泉近记剪号参加公私合营，并以其为主体，成立了张小泉近记总店。

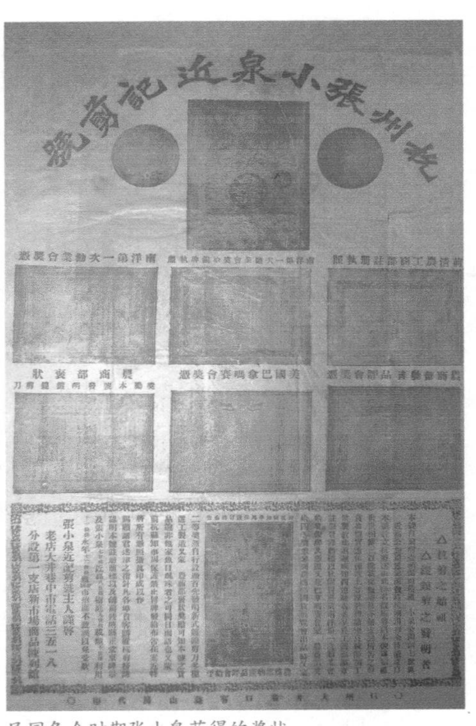

民国各个时期张小泉获得的奖状

张小泉及其历代子孙给人们留下了极为精湛的剪刀制作工艺，所总结出来的七十二道工序，是一代又一代劳动者智慧和心血的结晶。他们铸造了“张小泉”这块有着三百多年历史、三百多年辉煌的品牌，并造就了杭州制剪业的辉煌。

“张小泉”创始人与传人简要年表

传承谱系	从张小泉剪刀创始至民国年间，其传承方式始终是家族传承，大致序列如下：			
	传承人	生卒年份	传承方式	活动情况
	张思家	1580年生，卒年不详	家族父子传承	曾在芜湖学得精制剪刀的手艺，在黟县开设张大隆剪刀店
	张小泉	1628年生，卒年不详	家族父子传承	谋求发展来到杭州，在大井巷搭棚设灶，前店后作坊，父子俩自产自销。1663年把张大隆招牌改为张小泉
	张近高	1663年生，卒年不详	家族父子传承	为防假冒，在张小泉招牌后增加“近记”二字，自己掌钳打剪刀
	张树庭	1736年生，卒年不详	家族父子传承	开始雇用徒工，自己掌钳打剪刀 乾隆皇帝到“近记”买剪，张小泉剪刀成为宫廷用剪，将乾隆御赐“张小泉”三字，勒石刻碑，恭立于店内
	张载勋	1789年生，卒年不详	家族父子传承	开始雇用徒工，自己掌钳打剪刀
	张利川	1824年生，卒年不详	家族父子传承	开始雇用徒工，脱离生产，专门从事经营管理
	张永年	1876年生，卒年不详	家族父子传承	“六角”商标送知县衙门，转报农商部注册，钱塘知县出告示明示“永禁冒用”，并刻碑立于店门。改自设炉灶制坯为收购剪坯
	张祖盈	1890年生，1978年卒	家族父子传承	1909年注册“海云浴日”商标。1917年试制镀镍剪成功，正式修建镀镍工场，仿制医用剪刀

[陆]重新崛起

一、艰辛再创业

新中国成立之初，政府针对当时杭州制剪业炉灶关闭、工人失业的困难局面，采取了一系列有效措施，恢复生产。1950年，杭州制剪业同业公会与剪刀业同业公会合并，易名为杭州市剪刀业同业公会，1957年6月与其他行业合并为手工业同业公会。

从1950年开始，社会日趋安定，经济逐步复苏，剪刀业也得到一次新生。据杭州市档案馆资料记载，1951年，杭州剪刀业已有炉作97户，资金1.49万元；商号47户，资金10.47万元；白工作坊20户。全行业职工共383人，年产剪刀188.4万把。为改变杭州制剪业散、小、弱，质量参差不齐的现状，让“杭剪”真正有一个大的提高，1952年5月，杭州市政府以“张小泉”为基础，组织制剪联营处，把分散经营的77户制剪作坊集中起来，组建成五个制剪社，职工357人，由浙江省手工业局供应原料，包销产品。

1953年初，制剪联营处解体，五个制剪社由炉灶主经营，实行“原料统购，费用分摊，分产联销”的经营方式，产品统一单价。1954年6月，五个制剪社一起迁至杭州市江干区海月桥大资福庙前13号集中生产，职工为423人。1955年6月，六个制剪社合并为杭州制剪生产合作社，下设六个工场，职工增至527人。经过手工业合作化运动和手工业的社会主义改造，杭州剪刀产业由传统分散的小本经营，发展为集中统一的规模化生产，为“张小泉”这个传统品牌的真正崛起，奠定了基础。

为了在社会主义改造运动中更好地保护民族传统工业，1956年毛泽东主席在《加快手工业的社会主义改造》一文中特别指出："提醒你们，手工业中许多好东西，不要搞掉了。王麻子、张小泉的剪刀一万年也不要搞掉。我们民族好的东西，搞掉了的，一定都要来一个恢复，而且要搞得更好一些。"

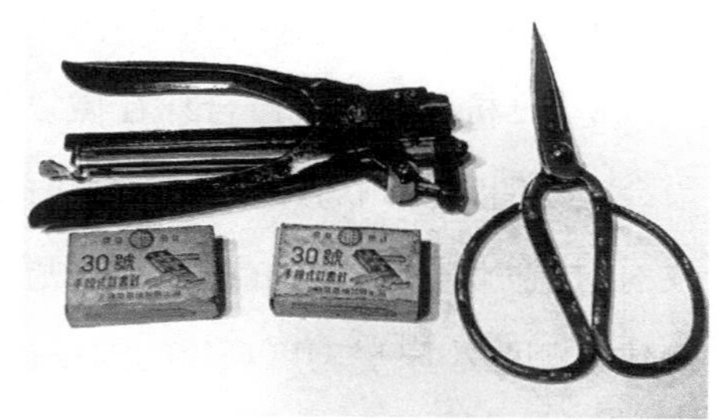

毛泽东用过的张小泉剪刀

据原浙江省轻工业厅副厅长兼省手工业局局长李茂生老人回忆，1955年11月，全国手工业合作总社筹委会主任白如冰和苏联专家叶夫谢也夫来浙江视察手工业，李茂生陪同来到海月桥制剪合作社，负责接待的是当时制剪生产合作社主任范昆渊，苏联专家得知剪刀合作社的厂房还是租来的，表示要向中央政府反映此事。1956年3月5日，在国务院召开的手工业社会主义改造工作汇报会上，毛泽东同志在听取白如冰汇报时讲了上述那一段话。随着毛泽东讲话的传达，全国手工业合作总社筹委会高度重视，为了具体贯彻毛泽东讲话的精神，多次召开党组会议进行研讨。

中央领导的指示，在张小泉剪刀发展的历史上，产生了里程碑式的意义。1956年下半年全国第一次手工业合作总社筹备大会召开，会议传达了毛泽东主席的讲话，提出杭州要建一家具有一定规模的剪刀厂， 总社将给予必要的经费资助。浙江省经过研究，最后决定上报中央两个重点项目，其中一个就是杭州张小泉剪刀厂。

是年，杭州制剪生产合作社恢复“张小泉”称号，杭州市人民委员会还专门为杭州剪刀的产销发布了长达九页的报告，充分体现了政府对杭州制剪业非同寻常的重视和关怀。也就是在这一年，统一筹建杭州张小泉剪刀厂项目的国家拨款被批准，计四十万元，加上自筹二十万元，共计六十万元，这在当时已算是一笔巨款了。新建项目于当年10月份破土动工，厂址选定在杭州大关路33号（现张小泉集团有限公司所在的地点）。1957年10月，项目竣工，用地五万多平方米，十座生产车间以及食堂、仓库等完整的配套设施，在当时全国刀剪行业中处于绝对领先的地位。1958年8月1日，市政府正式授牌命名为地方国营杭州张小泉剪刀厂，下属职工816人。历经三百多年

张小泉剪刀店（1958年）

风雨沧桑的“张小泉”，凤凰涅槃，终于在这一天得到真正的新生。

这是一个全新的“张小泉”，在这里，集中了杭州制剪业的全部精英，充满激情的新张小泉人提出，要告别“一只风箱一把锤，一块泥砖一只盆，一把锉刀一条凳”的历史，要用机器造剪刀！

1959年，在“解放思想、破除迷信，大搞技术革新和技术革命”浪潮的推动下，工厂派出技术骨干外出参观、取经、学习，经过反复试验、实践，试制成功了代替手工锻打的第一台跳板锤和第一台弹簧锤，用于细磨的第一台碾磨机及第一台电磁振动式凿花机。这些机器投入使用后，效果很好。技术革新的成果，使“张小泉”的生产水平和技术水平，出现了质的飞跃！

厚积薄发，进入20世纪60年代，随着“张小泉”步入专业化生

杭州张小泉剪刀厂厂房（1960年）

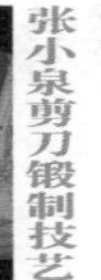

电动打磨

剪刀整理

20世纪50年代时的剪刀抛光

20世纪60年代时的剪刀电镀

剪刀打脚

锻打

复眼

产的行列，剪刀品质不断提高，产量大幅增长。“张小泉”又一次进入一个历史的辉煌时期，产品享誉国内外，在同行之间取得了无可争辩的领先地位。

1962年，工厂开出了第一个自己的门市部。同年，著名诗人、国歌歌词作者田汉先生在参观之后，为“张小泉”留下了脍炙人口的诗篇：

快似风走润如油，
钢铁分明品种稠。
裁剪江山成锦绣，
杭州何止如并州。

可惜田汉先生书写的原件在“文化大革命”中遗失，现存墨迹为著名书法家沙孟海先生于1980年重书。

1963年，由“张小泉”锻制的1—5号民用剪，在国家主席刘少奇出访南亚五国时，被作为国家礼品，赠送给五国元首，使“张小泉”的知名度又一次得到新的提升，慕名前来参观的人士络绎不绝。如人口学家马寅初、浙江大学校长竺可桢、桥梁专家茅以升、经济学

家童大林等著名学者以及政协常委邵力子等社会名流，都曾亲临“张小泉”。

1965年，张祖盈在世纪初申请的“海云浴日”商标被正式移交给杭州张小泉剪刀厂， 这标志着杭州张小泉剪刀厂成为“张小泉”这一传统名牌的法定继承人。同年举办了新中国成立以来第一次全国剪刀质量评比，杭州张小泉剪刀厂的民用剪刀荣获第一名，在后来举行的四次（1966、1979、1980、1988年）全国剪刀质量评比中，杭州张小泉剪刀厂的民用剪刀连续获得第一名，荣膺“五连冠”殊荣。

十年动乱期间，张小泉剪刀厂自然也不能幸免。“张小泉”名号被作为“四旧”扫除，杭州张小泉剪刀厂改名为“杭州剪刀厂”。由于产品不能出口，生产秩序遭到严重破坏，年产量下降近30%。1974年至1976年，由于政治运动冲击，工厂处于停工状态，三年亏损约五十万元，1976年剪刀产量仅为360.52万把，还不如1956年的剪刀产量。

“文化大革命”结束后，“张小泉”再度受到党和国家领导人的关注和支持。1976年10月，在时任国务院副总理李先念的直接过问下，杭州剪刀厂重新恢复“杭州张小泉剪刀厂”的名称。

1979年，国务院总理亲自签发嘉奖令，对张小泉剪刀厂进行嘉奖。

1980年，中共中央总书记胡耀邦在新华社编发的“名牌产品杭州张小泉剪刀销售存在问题”的内参上看到，因商业渠道不畅，一方面，张小泉剪刀因销不出去而造成库存积压；而另一方面，市场因缺货，顾客买不到剪刀。胡耀邦当即批示，由商业部长赶赴杭州“张小泉”调研处理。当得知一把剪刀从工厂到顾客手里，须经五个环节，最快也要个把月时间，提出了“张小泉剪刀可享受产销自主权，可向京、津、沪、宁、广、渝等十大城市直接供货”等三条意见。在中央领导的直接关怀下，“张小泉”率先突破了国有的计划经济模式，实行开放式经营，走向了市场。各大城市都出现了“张小泉”直销挂钩的公司、商店和经销点，销售渠道四通八达，产品出现供不应求的大好局面。在计划经济时期，这不能不说是一种很特殊的优惠政策，这是党和政府关注民生、关心民族工业发展的又一体现。

1982年，国务院总理亲临杭州剪刀厂视察。

1986年5月，全国人大常委会副委员长严济慈视察杭州剪刀厂并题词：“悠悠历史三百载，小小剪刀五洲爱。”

1986年，全国政协副主席王首道视察杭州张小泉剪刀厂并题词：“更上一层楼，走向全世界。”

2004年，时任浙江省委书记、现任国家副主席习近平视察张小泉集团有限公司。

2007年10月份，国务院副总理曾培炎视察杭州张小泉集团有限公司，国务院副秘书长张平、省委书记赵洪祝、省长吕祖善及杭州市领导王国平、蔡奇等陪同视察。

其他如国家财政部、商业部、冶金部、轻工部等部、委主要领导也都曾亲临指导。

政府的重视和用户的信赖，给了“张小泉”发展的强劲动力。

时代变了，条件变了，“张小泉”的市场地位和社会地位也变了，制剪工艺从传统的七十二道工序演进为包括数控技术在内的现代化生产方式，制剪材料也由单一的镶钢锻制变成优碳钢、不锈钢、合金钢并用。但是，“张小泉”一贯奉行“良钢精作”祖训的传统没有变，坚持“质量为上、诚信为本”的宗旨和“继承传统、不断创新、追求卓越、争创一流”的理念，在企业管理的很多领域内作了大胆的创新和探索，取得了令人瞩目的成就，产品在国内外的知名度和美誉度迅速提升，国内市场覆盖率和占有率一直居同行之首，海外市场不断扩大，份额大幅增加。

鉴于“张小泉”在业内的影响和地位，20世纪80年代末至90年代初，受国家轻工业部委托，“张小泉”负责我国刀剪产品行业标准的起草工作。

1997年，“张小泉”获中国刀剪行业第一个驰名商标；2002年获“世界原产地”注册保护；2006年被重新认定为“中华老字号”，同年，张小泉剪刀锻制技艺被国务院列为第一批国家级非物质文化遗产名录。

现在“张小泉”已成为为我国刀剪行业中产能最大、产量最高、品种最全、质量最好、销路最广的刀剪生产企业，形成了工农业用剪系列、服装剪系列、美容美发剪系列、旅游礼品剪系列、刀具系列等五大系列一百多个品种共五百多个规格的产品规模。最大的剪刀长1.1米，重28.25公斤；最小的旅行剪长仅1寸，重20克。2000年至今，“张小泉”共获得十九项设计专利。

各种功能刀剪的开发推出，极大地满足了现代人对生活品质的需求，使人们在使用刀剪中享受着生活，在不经意间改善着人们生活的品质。

特色产品	产品介绍
龙凤金剪	为重大剪彩开发制作，使柄两面凸显的龙凤浮雕与螺钮上镶嵌的红宝石浑然一体。制作典雅，造型精美，为庆典所用之上乘工艺精品，具有较高的收藏价值。
银潭彩剪	以杭州西湖名胜“三潭印月”为基本造型，简洁流畅。所有工序均为手工制作，充分体现了“张小泉”一丝不苟、把把一流的质量文化。清润典雅，为剪彩专用剪，具有较高的收藏价值。
民用剪刀（镀铬）	采用的45号碳钢，剪刀柄锻打成型，表面经过镀铬工艺，耐磨性好。物美价廉，性价比高。
袖珍套剪	“张小泉”历代工匠根据不同用途创制的各色传统民用剪，样式美观，品名引人入胜。选取其中五种：兴花剪、山郎剪、五虎剪、长头剪、圆头剪缩微成袖珍剪，供喜爱者珍藏把玩，也是旅游馈赠佳品。
蟹八件（不锈钢）	采用镍不锈钢制作，具有优良的防锈性。手工制作，经过九道打磨抛光工艺，表面光洁；采用立体的竹节造型，具有防滑功能。整套造型协调美观，具有浓厚的江南文化韵味。
司工刀	选用高碳高铬钼钒钢，增强了产品的锋利度和耐腐蚀性。采用三段焊接工艺，强化了刀体与刀柄接合部。特殊的淬火处理，刃口精细抛磨，锋利、耐用，刀柄采用人性化设计，使手感更舒适。

龙凤金剪

银潭彩剪

福慧剪

08动感剪

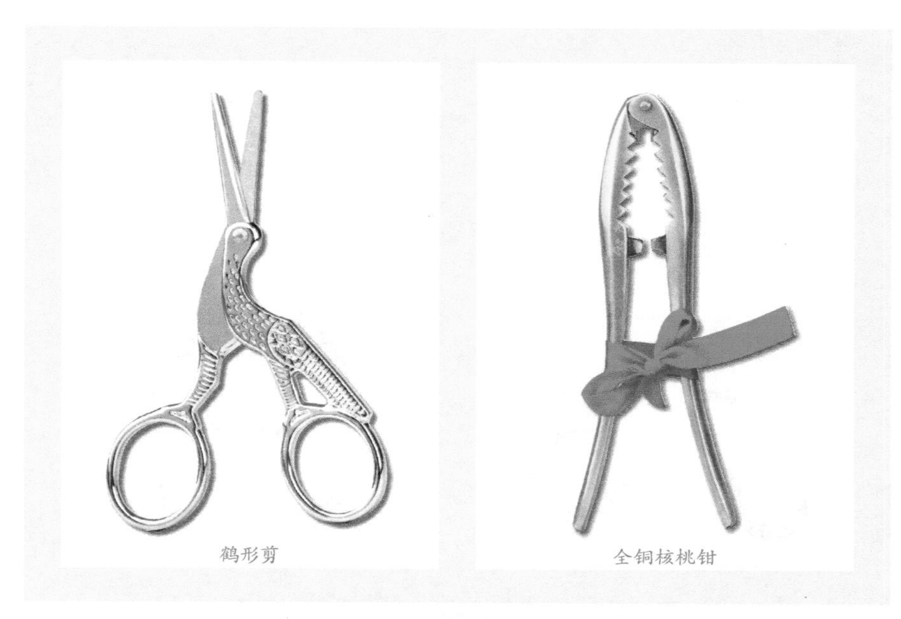

鹤形剪　全铜核桃钳

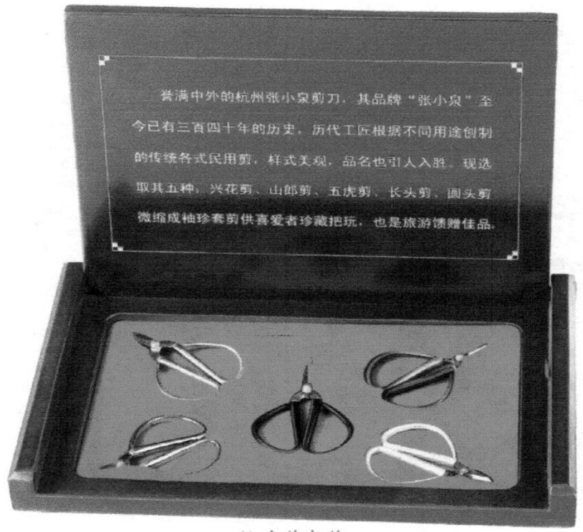

袖珍剪套装

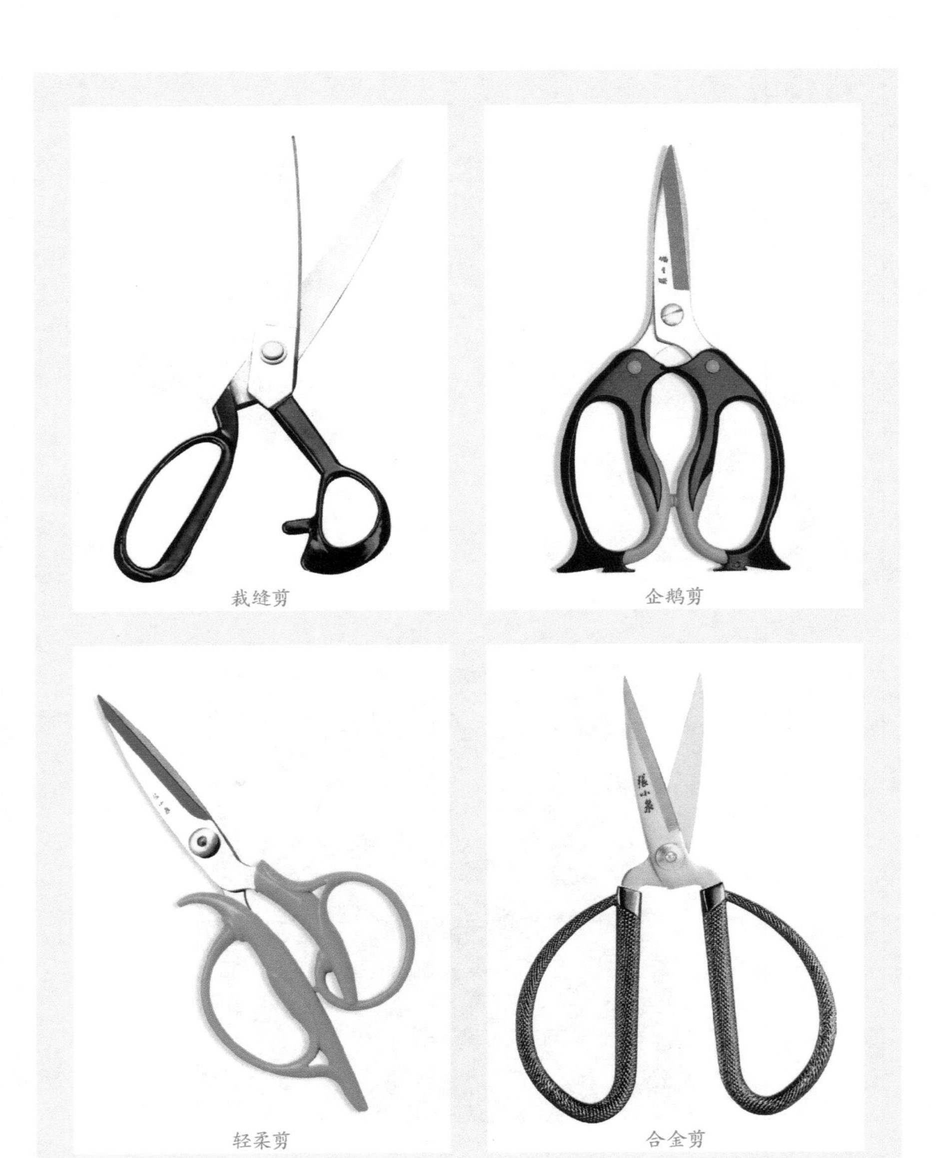

裁缝剪

企鹅剪

轻柔剪

合金剪

厨房剪

禽肉剪

指甲剪（全钢）

指甲剪（镀镍）

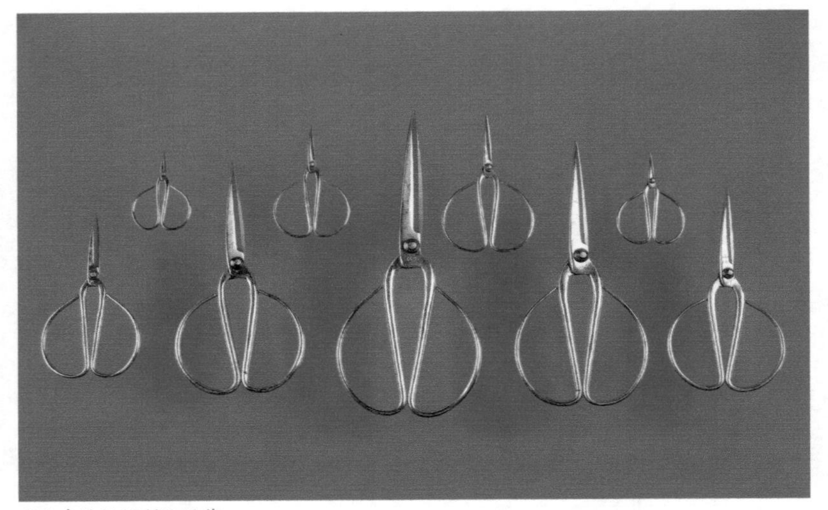

张小泉传统锻制民用剪一

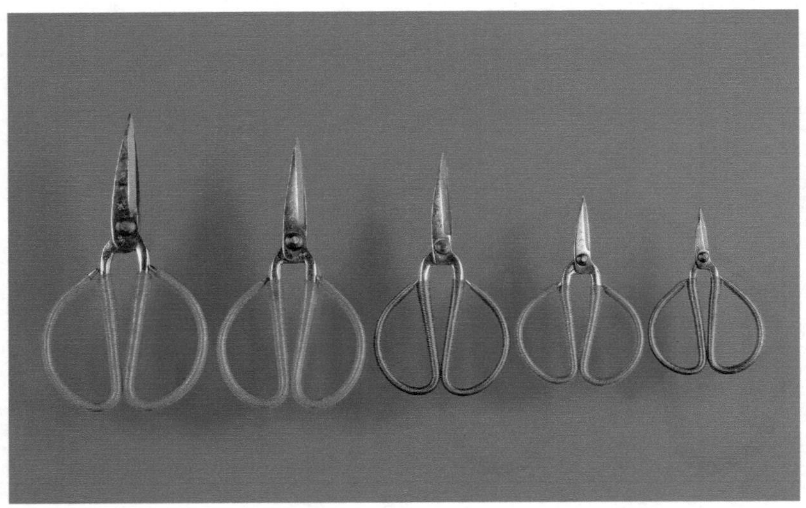

张小泉传统锻制民用剪二

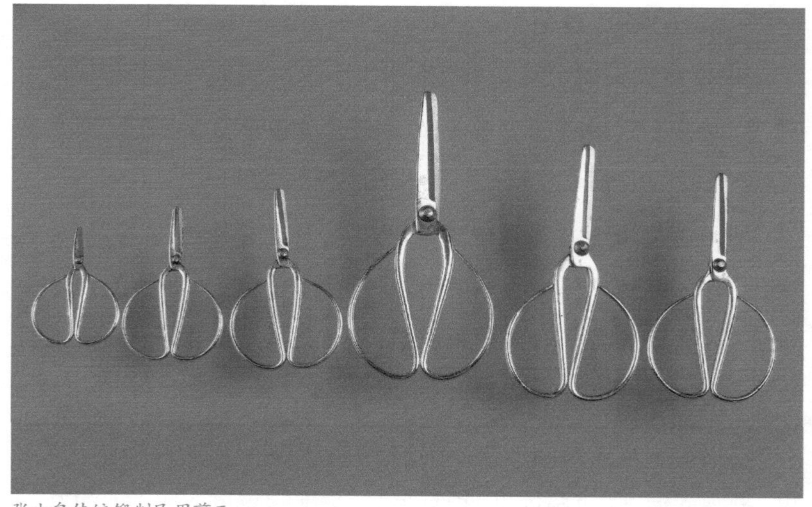

张小泉传统锻制民用剪三

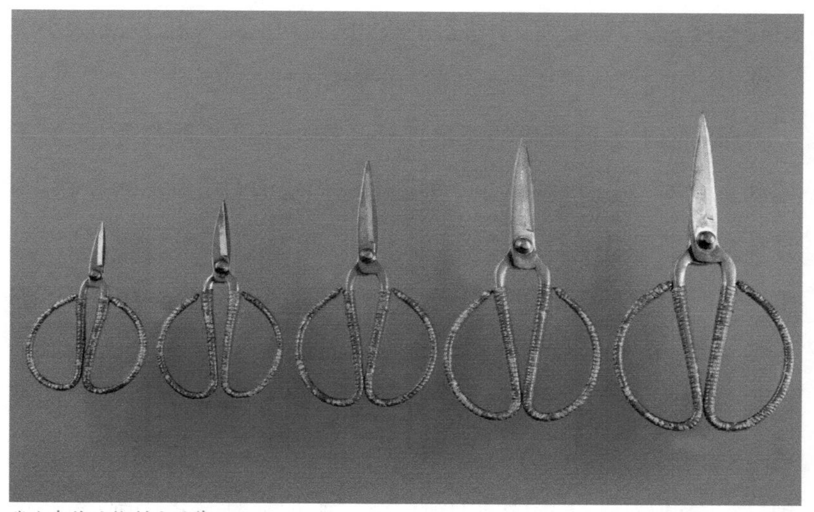

张小泉传统锻制民用剪四

二、“五连冠”殊荣

根据有关资料记载记载，杭州张小泉民用剪刀在新中国成立后举行的五次（1965、1966、1979、1980、1988年）全国剪刀质量评比中，荣获“五连冠”。这是一份非常出色的成绩单。

张小泉近记剪刀曾在1929年荣获第一届西湖博览会特等奖。那次是“评”。而新中国成立后的剪刀质量评比，是货真价实的“比”。据张小泉剪刀厂原厂长陈刚林回忆，新中国成立后的剪刀质量评比十分严格：一把剪刀分解成十几个项目，针对每一个项目展开手感、目测、仪器检查等全面测验。具体检测的项目有：剪刀锋利度、平整度、外观光洁度、抗腐蚀度、销钉牢度、头部尖锐度、外口钢阔度、缝道轻松度、刃口钢硬度、手感舒适度、两剪切点误差度、头部大小统一性、壶瓶高低统一性及两爿剪刀下脚粗细均匀度。

面对要求如此严格的质量评比，“张小泉”不断努力，提高了劳动生产率，减轻了工人的劳动强度。为使剪刀质量不断提高，当时在全厂范围开展找差距活动。他们收集全国各地十七个地区兄弟厂生产的剪刀样品和本厂一百四十一种历史产品及当时生产的各种成品、半成品进行实物对比展览。通过参观、讨论，职工看到了差距，明白了尺有所短、寸有所长的道理，总结出一些优于自己的例子，找到了自己努力的方向。如北京王麻子剪刀外口阔，缝道轻松、销钉牢固铆得圆；上海的剪刀镀层厚，抛光亮，防锈能力强；苏州剪刀宕磨清爽。

针对找到的问题，张小泉剪刀厂花大力气进行改进。如电镀剪刀镀层不厚，只能达到3微米，而不是工艺规范的10微米，造成镀层薄而不匀，容易产生壳镍、锈蚀、色泽发暗等质量问题。张小泉剪刀厂了解到上海华通电镀厂、毛锦记电镀厂等单位电镀质量好，两次派人去取经。第一次是1962年3月派人去上海，发现上海兄弟厂电镀采用“挂镀”操作，产品事先经过电解去油和酸水漂洗，化验工作做得细致，而本厂采用的“串镀”操作，产品没有经过电解去油和酸水漂洗，化验分析工作也做得较粗。回厂后，按照上海经验做，情况有所好转，但镀层薄、壳镍、生锈等问题依然没有根本解决。

三个月后，张小泉剪刀厂第二次派出以分管生产的副厂长陈刚林为主的技术工人到上海去学习提高电镀质量的技术。这次不光用眼睛看、耳朵听、嘴巴问，还亲身参加跟班劳动。经过半个多月的调查研究，终于找到了问题的根源，原来上海电镀质量所以好，除了有一套好的操作方法以外，还由于设备条件好，一只镀缸用一台发电机输电，电流强大，使镍快速溶解，虽然用铁杆做挂具，导电性能差些，镀层仍能达到匀而厚的目的。在杭州张小泉剪刀厂，一只同样功率的马达，要带动四只镀缸，电流强度不够，镍溶解缓慢，所以镀层不厚。至于清洗，上海电镀厂在每只镀缸的地方都安装自来水，不停地用活水清洗，能保持电镀物表面干净。

找到问题症结以后，就可以寻找解决的办法。回杭州以后，动手加大发电机功率，保证电镀所需电流强度，将铁质挂钩改为铜质挂钩，加强导电性，加强对剪刀表面的清洗力度，使剪刀表面干净、少杂质。再一点就是针对剪刀特性，调整了镀液比例和浓度，经过多次试验，终于使剪刀镀层达到10微米，符合抗腐蚀的优质标准。

在提高产品质量的过程中，得到了上级领导的关怀和帮助，为赴上海学习疏通关系。同时也应看到当时是在计划经济时期，上海方面对技术的输出抱着无私的胸怀，只要你自己愿意学，他们并不保密，将生产优质产品的方法、技巧、经验都无偿地提供给杭州张小泉剪刀厂。

杭州张小泉剪刀厂在吸收、引进、消化兄弟厂先进生产技术以后，通过努力学习、变革，使这些好经验符合剪刀生产的工艺要求，使张小泉剪刀生产在保持原有优势的情况下，克服存在的不足，从而在全国剪刀业同行中保持质量领先的地位。

全国剪刀质量评比，在十几个项目的测试过程中，各项数据的统计张小泉剪刀都处于领先的位置。比如评比中有个项目是剪多层龙头细布：将布叠成四十层，用剪刀去剪，这靠的是真功夫，剪刀锋利度、硬度不过关，就无法剪下来。在这个环节上，来不得半点虚的，好多厂的剪刀就是剪不下来，只有张小泉民用剪刀，喀嚓一下就剪下来了。

剪刀质量评比在1988年以后就不再举行了，因为随着市场经济不断完善，剪刀作为一种商品，交由市场去检验。

同时我们也应当看到，“张小泉”向别人学技术，同样把自己的优势向同行袒露。

20世纪60年代初，北京王麻子刀剪厂也曾多次派人来杭州张小泉剪刀厂像寻宝似的看过一个操作工序转移到下一个工序，当看见处理剪刀的反射炉时，他们觉得新鲜，就凑在喷射着尺把长火舌的炉口前，认真观察起来。回北京不久，与此一样的反射炉就出现了，通过使用反射炉，剪刀钢口硬度增大，火候均匀，剪刀的质量提高了，效率也提高了一倍。这一下可乐坏了全厂的工人，都说：“这一趟杭州之行真没白跑。”

1962年，北京王麻子刀剪厂的领导听说群众反映王麻子剪刀磨削不够细，不如杭州张小泉剪刀，剪刀外观也还差一些。于是又派人来杭州张小泉剪刀厂。他们一到就直奔精磨加工剪刀的车间，站在砂轮机旁，边看边问边记，他们连那些砂轮机上用的几号砂子，用什么胶粘等细节都问遍了。临别时，杭州张小泉剪刀厂的有关人员送给他们几把名牌剪刀，还送给他们一套整理成文的工艺规程质量标准等资料。

杭州张小泉剪刀厂能够在公平竞争的舞台上保持“五连冠”，始终处于国内剪刀行业的领军地位，是不容易的。

三、企业主要荣誉

1915年荣获巴拿马万国博览会二等奖；

1919年在美国费城世界博览会上获银奖章；

1929年荣获首届西湖博览会特等奖；

1965年以来连续五次获全国剪刀质量评比第一名；

1979年荣获国家优质产品银质奖；

1979年荣获国务院嘉奖令；

1979年荣获中华人民共和国国家质量奖；

1980年荣获国家著名商标；

1982年，张小泉花齿剪被评为全国轻工业优秀新产品；

1983年，民用剪热处理线获轻工业部科技成果二等奖；

1984年被评为浙江省技术

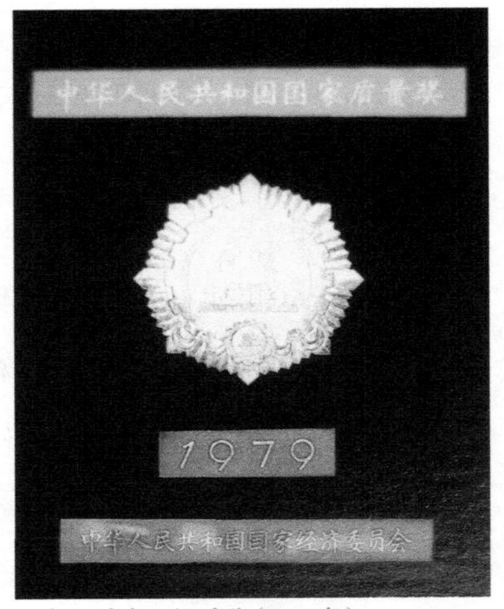

国家优质产品银质奖（1979年）

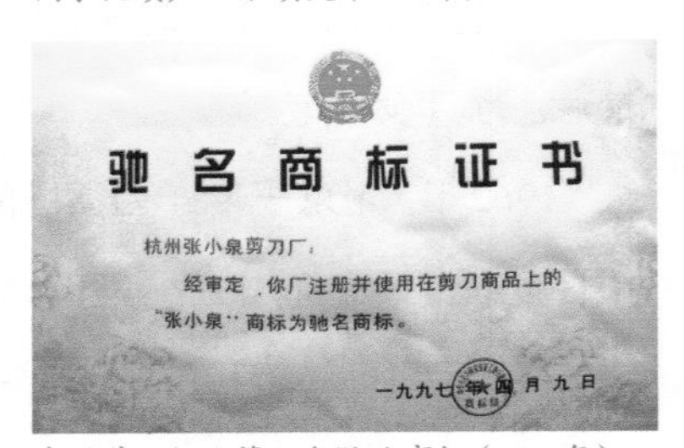
驰名商标证书

杭州张小泉剪刀厂：

经审定，你厂注册并使用在剪刀商品上的"张小泉"商标为驰名商标。

一九九七年四月九日

我国剪刀行业第一个驰名商标（1997年）

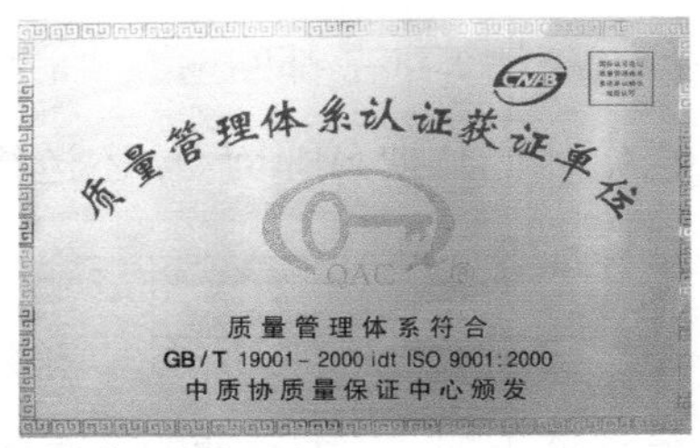

质量管理体系通过ISO9001：2000认证

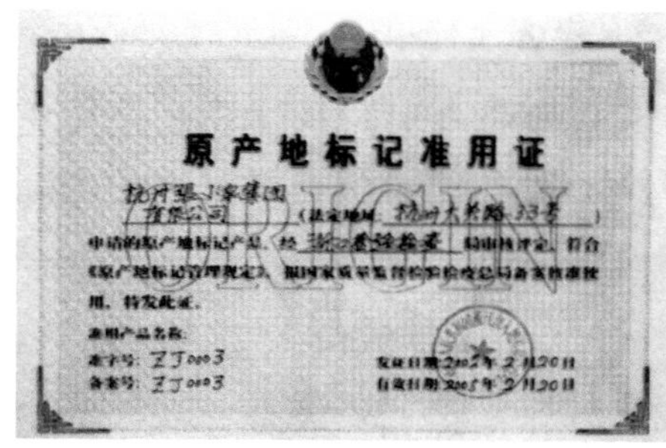

原产地标记注册保护

被商务部认定为第一批“中华老字号”（2006年）

张小泉剪刀锻制技艺被列为第一批国家非物质文化遗产名录（2006年）

进步优秀企业（1995—1997）；

1985年荣获全国轻工业企业管理优秀奖；

1987年被评为省级信用优等企业；

1988年被评为国家二级企业；

1988年被评为全国轻工业出口创汇先进企业；

1990年档案管理被评为国家一级先进企业；

1995年被国内贸易部认定为“中华老字号”；

1996年，张小泉剪刀被评为全国用户满意产品；

1996年，剪刀博物馆被确定为浙江省爱国主义教育基地；

1996年被评为浙江省企业文化艺术十佳单位；

1997年，“张小泉”荣获“中国驰名商标”称号；

2001年，张小泉剪刀获2001年西湖博览会中国杭州国际五金展金奖；

2002年，“张小泉”获原产地标记注册保护；

2002年，张小泉剪刀获“2002年市场畅销产品”称号；

2003年，张小泉剪刀被评为中国刀剪十大知名品牌；

2004年被评为全国质量诚信示范企业；

2004年荣获“全国消费者信得过产品”称号；

2006年，“张小泉”被商务部重新认定为“中华老字号”；

2006年，张小泉剪刀锻制技艺被国务院列入第一批非物质文化遗产保护名录；

2006年，“张小泉”被评为浙江省最佳雇主企业。

[柒]文化传承

由于张小泉剪刀的突出贡献和在我国工业史上的重要地位，创始人张小泉被评为“千年徽州杰出历史人物”。身为铁匠的张小泉跻身南宋理学家朱熹、清代学者戴震、铁路专家詹天佑、文化巨星胡适、人民教育家陶行知、著名画家黄宾虹等三十位大家名流行列，显得弥足珍贵。

作为2010年上海世博会指定参展产品，“张小泉”将站在一个更集中更高远的平台之上，为更多人所知，为更多人所爱。

文化的光辉赋予了“张小泉”亘古的神韵！

在我国制剪业中，张小泉及其后人给我们留下了精湛独特的剪刀制作工艺，当时总结出来的七十二道工序，是一代又一代张小泉人的智慧和心血的结晶。

张小泉传统制剪工序中有两项精湛独特的制作技艺历经磨炼而被延续下来。

一是七十二道工序中的第七道“镶钢”工序为张小泉所独创，这之前剪刀都是用铁锻打而成，而张小泉在剪刀的铁槽上嵌进了“钢刃”，把钢的坚硬和铁的柔软很好地结合在一起，使剪刀具有刚柔相济、刃口锋利、开合和顺的特色。这是在我国制剪史上一项具有革命性的重大创造，影响深远。二是剪刀表面的手工凿花技艺，是“张小泉”率先把银楼和铜器作坊的凿花工艺引入用于剪刀装饰，提高了剪刀的观赏性，从而使剪刀这一实用工具产生了艺术价值。

1992年以后，张小泉剪刀的生产条件随着科技的进步不断改善，繁重低效的工艺逐渐被边缘化了。特别是近十多年来，大量的现代技术包括数控技术应用于剪刀生产，传统的手工技艺已在被逐步遗弃。

2006年，企业向国务院申报“国家级非物质文化遗产”获准。

“张小泉”手工锻造师施金水、徐祖兴被认定为“国家级非物质文化遗产项目代表性传承人”。

施金水和徐祖兴都想把自己的一身绝活传给年轻人，让“张小泉”的精髓得以传承和发扬。因为他们认为，传统的手工锻造工艺应被视作典范传承下去，没有传统工艺的“张小泉”，会失去“根”。

现在，企业一方面抓紧收集整理施金水、徐祖兴等传承人的技艺，编纂成书保存下来；另一方面，要培养一批技术能人，让他们学习完整的传统技艺、恢复剪刀锻制工艺流程的七十二道工序，并计划将这种用传统技艺生产的刀剪作为文化艺术品进入市场，创造价值。根据“保护第一，合理利用，传承发展”的原则，努力创新传承方式，在与产业和市场的结合中更好地实现传承的可持续发展。

这是一个全新的课题，我们相信，有国家的重视和老一辈传承人的支持，通过我们的不懈努力，一定能让有着三百四十多年历史的“张小泉”的传统文化焕发生机，我们将向我们的国家、我们的民族，并向全世界奉献出我们的成果——非物质文化遗产在产业与传承的结合中得到持续发展！

一、剪刀博物馆

“张小泉”在三百多年发展壮大的社会实践中，留下了一批宝贵的文化遗产，作为全国刀剪行业的龙头企业，有责任和义务对刀剪事业作出应有的贡献。1993年，国家投入二十余万元，企业自筹资金五十万元建造了全国至今唯一的剪刀博物馆，老一辈无产阶级革命家陈云为博物馆题写了馆名。2006年，该题名被收入浙江省委主编的《纪念陈云百岁诞辰百幅题词作品集》。

剪刀博物馆由剪史厅、精品厅、剪艺厅等部分组成。馆内藏品十分丰富，包括中国历史上各个时期剪刀的照片和实物；乾隆题写的“张小泉”碑刻，清朝地方政府“永禁冒用”碑刻，张利川于同治四年（1865年）的刻印招贴，“张小泉”获得的各种荣

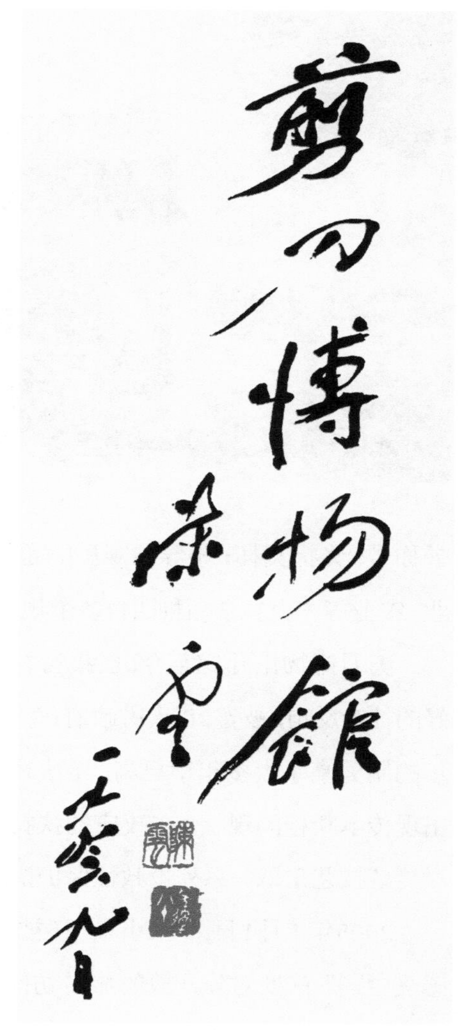

陈云题词

剪刀博物馆

誉称号、奖状奖杯；领导参观后的题词；“张小泉”生产的民用、工业、农业等一百多个品种四百多个规格的剪刀。

剪刀博物馆开馆至今，已接待社会各界十六万人次，引起了很好的社会反响，被省、市人民政府确定为爱国主义教育基地。针对当年的制剪高手大多年事已高，无法亲自操作，致使这一古老的技艺出现传承断档的现状。在政府的扶持下，张小泉集团有限公司正在对传统技艺采取一系列抢救性保护措施。

2005年1月1日，“张小泉”还被杭州市旅委授予“体验杭州、感受中国”首批对外开放的旅游访问点，成为世界认识和了解“张小泉”的一个重要窗口。

二、“张小泉”商标价值

据1995年10月30日，杭州张小泉剪刀厂注册并拥有的张小泉商标包括“张小泉”文字与图案、“KOTT”、“张小泉+KOTT”、“KOTT+张小泉”及设计在内的联合商标，浙江省正公资产评估事务所根据国务院发布的《国有资产评估管理办法》和《中华人民共和国商标法》及《商标评审办法》，并根据独特客观性、科学性的原则和产权利益主体变动原则，“张小泉”商标值1.49亿元。

三、“张小泉”入选《经典设计》一书

英国PHAIDON出版社出版的《经典设计》一书收录了世界各个国家有关人们生活各方面的用品九百九十九款，几乎涉及了人们日常需要接触到所有的东西。

《经典设计》通过对每一件物体的外形（图片）功能、设计原理（用文字介绍）的方法将涉及人们日常生活方方面面的东西都做了简要介绍，使人们可以充分了解经典设计在多么深的程度上影响着我们的生活。

2005年4月，英国PHAIDON出版社联系张小泉剪刀博物馆，要求提供剪刀照片、锻制技艺及张小泉剪刀的文字介绍。博物馆根据与英方出版社洽谈的内容，及时请摄影师拍摄了张小泉传统剪刀的照片及剪刀锻制技艺的照片，编写了张小泉剪刀的介绍文字，一并传真给英国PHAIDON出版社。

2005年5月15日，剪刀博物馆收到了英国PHAIDON出版社关于收录张小泉剪刀进入《经典设计》一书的确认稿。

由于《经典设计》一书出版后面向全球发行，而最夺人眼球的一号经典设计展示了张小泉民用剪刀的照片、锻制过程中的半成品照片以及简洁的文字介绍，由此扩大了张小泉剪刀在全球读者中的影响。

[捌]再铸辉煌

在深化改革的过程中，“张小泉”历史悠久但并不保守，它顺应潮流，审时度势，敢为人先。2000年12月29日，公司毅然决定整体转制，大胆地迈出了国有企业向投资主体多元化有限责任公司转变的关键一步。为在市场经济条件下，“老字号”企业的可持续发展，争取了机会，赢得了时间。

2007年11月21日，在杭州西子湖畔的新新饭店，富春控股集团与张小泉集团有限公司正式签订了《杭州张小泉集团有限公司增资扩股协议》，标志着张小泉集团有限公司二次改制的成功，为张小泉集团有限公司注入了发展急需的大量资金，解决了张小泉集团有限公司一次改制后股权分散、决策困难、资金短缺、市场反应慢等诸多问题，提高了“张小泉”的综合实力，增强了“张小泉”的经营活力，并且必将全面提升“张小泉”的核心竞争力。

富春控股集团是一家从事建材生产、五金制造、港口物流、房地产开发四大产业和控股投资的大型民企，总部位于上海浦东新区，董事长张国标为上海浙江商会常务副会长、浙江省返乡投资模范浙商。

改制后，富春控股集团把提升和发展五金制造业作为公司的战略目标之一。富春控股集团对“张小泉”的经营和发展，制定了详尽的规划，决定在富阳市东洲工业园内征地271亩，建设张小泉集团有限公司富阳生产基地。项目功能定位为杭州市五金工业产业平台、“中华老字号”文化集聚胜地、世界著名张小泉刀剪品牌基地。总投资6亿元人民币，建设制造中心、物流中心、研发中心、展示中心、行政办公中心等五大中心，建筑总面积36万平方米。项目建成后，将形成一流的生产、科研、展示和生活空间，成为设施完备的现代工业企业园。

“张小泉”人坚信，“张小泉”进军世界著名品牌的序曲已经奏响，行动已经开始。再次创业，将从我们脚下起步！新的辉煌，将由我们铸造！

杭州

张小泉剪刀特色工艺

张小泉剪刀有着独特的镶钢锻制工艺。这一工艺共有七十二道工序。

张小泉剪刀特色工艺

[壹]张小泉剪刀锻制技艺七十二道工序

传统张小泉剪刀锻制技艺的核心是剪刀镶钢锻制工艺，由张小泉在明末清初时首创，经过数百年的发展、成熟，最终形成七十二道工序，使制剪工艺达到较为理想的状态。

1. 试钢

试钢

钢材是从铁行里买来的条钢。试钢的方法有两种，一是可用小铁锤敲击钢条，听声音，发闷的则钢性太软，清脆的才是好钢；二是用手扳一下，看有没有弹性，有弹性的是好钢。

还可以把钢放在火里烧红，打一颗瓜子大小一片，放在水里淬一下，用榔头敲一下，断的是好钢。

关键是要把握断口颗粒的

粗细，这是辨别钢材好坏的关键：太硬、太粗的不是好钢；颗粒细一点、颜色有点灰白的是好钢。

试钢所需工具和材料：炉灶、铁墩、榔头和水。

2. 试铁

到铁行里买铁时拿凿子凿一下，留一小半，用榔头在墩头上敲断，折弯的是铁，敲断飞出去的铁性太硬不能用。

再看铁的断面是否是碎铁，碎铁打下脚，会裂开。断面呈皮蛋青色的是最好的，不会有杂质，铁越软，打好剪刀后钢铁越分明。

试铁

试铁的主要工具：凿子、榔头、墩头。

3. 拔坯

将铁按所需剪坯的长度，放入炉灶内烧红，如一号剪12厘米，在12厘米处烧到红透，拿出来放在墩头上用凿子凿，留一丝相连，用榔头将凿断大部分

拔坯

的铁勾过来，两段铁并在一起。这道工序要注意坯料的长度，凭经验判断，既不能太长也不要太短，凿断所留的连接部位不能太多也不能太少。

4. 开槽敲断

将拔坯敲弯的料，先用榔头敲一下，使它扁平。再用钢凿在一端剖开一条纵向长槽（视剪刀规格大小确定槽的长度、宽度、深度尺寸），再翻转一百八十度在相粘连的另一段的端部如法炮制，然后敲断成两段，成为一把剪刀的剪体钢材料。

开槽敲断

重点注意开槽时坯料的加温程度，坯料红，温度高，凿时用力小一点；坯料黑，温度低，凿时用力大一点。

5. 打钢（刃口钢下料）

打钢

先将钢料加热（炉温一般控制在摄氏800度左右）然后锻打成长条扁形（长阔厚度视剪

刀规格而定），再用钢凿凿成各种剪刀规格所需宽度的钢料（尚未完全凿断），冷却后敲断成块料。

要注意严格控制钢的尺寸，太宽的打制剪刀时头部易出现纯钢头、满板钢，太狭的剪头部分会出现缩钢头、狭钢。

6. 嵌钢

在坯料冷却的状态下，将刃口钢料镶嵌于剪体钢料槽中。

要严格控制钢料顶端与槽口的距离，不能露出过长，也不能缩进太多，否则打剪刀时会出现纯钢头或缩钢头。

嵌钢一

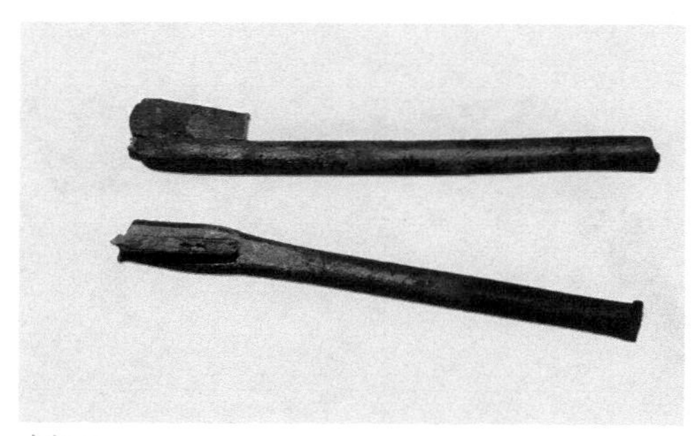
嵌钢二

7. 出头

将嵌钢后的坯料经洪炉加热，使刃口钢发火（接近于钢的熔解温度），出炉后在铁墩上敲一下，将煤屑等杂质去掉，然后将竖着的钢块轻敲一下，使钢铁黏合在一起，然后快速锤击，使钢铁黏合，然

出头一

出头二

后锻击剪头的坯料。

该工序至关重要，一把剪刀的好坏在此定型，要注意纯钢头、缩钢头、夹灰、脱根钢、骑马口铁等病疵，保证钢料处于剪刀刃口部位。

当剪刀头部毛坯打好后就用装在铁墩上的凿子将剪尖部位刻掉一小部分，制剪行业俗语叫“刻纯钢头”。因为钢性很硬，如果剪头部分是纯钢头，后期加工时很容易断裂。

8. 搁弯

当剪刀头的雏形出现后就进入搁弯，就是把原先直的形状敲成九十度直角弯，在直角弯的外延出现了剪刀里口尾部（就是剪刀销钉以下部分）的位置。在传统张小泉民用剪刀的生产过程中，里口尾

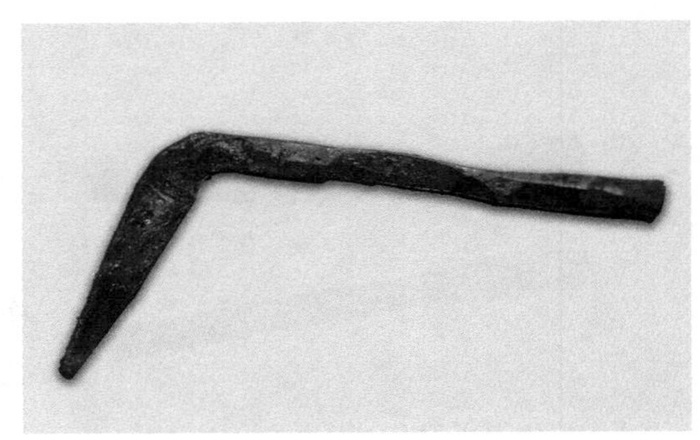

搁弯

部是一个非常重要的位置。自宋朝出现有销钉的剪刀以来，这个里口尾部就承担了杠杆原理中借力点的重任。

9. 蹬里口尾部

烧红的毛坯平放在铁墩上，用钳子钳住直角，把剪头朝上，铁锤垂直敲击坯料，就会使剪刀头整体向下运动，从而使剪刀里口尾部出现。要使里口尾部部分达到什么程度才称合适，原来做剪刀并没有一个精确的标准，剪刀头长多少，大多以肉眼判断，在墩头上某个地方画一条线，大致一比画就过去了，但能保证剪刀头爿尺寸大致相同，蹬里口尾部时要注意：不要蹬得太多，露出半颗毛豆那么大就可以了。

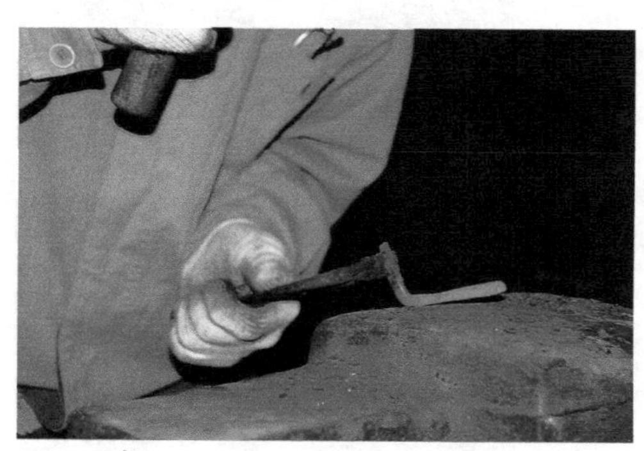
蹬里口尾部

圆壶瓶

10. 圆壶瓶

该工序就是在要把剪刀里口尾部蹬出来时，把铁锤扁了，先在壶瓶位置形成方形，然后将棱角打掉，接近八角形。最终，一把剪刀的外观很大程度上就取决于这只壶瓶圆得漂不漂亮，钳手师傅钳子夹得稳不稳，下手榔头敲得准不准，对于圆壶瓶都很重要。

11. 装壶瓶

剪刀壶瓶圆出来以后，老师傅用钳子再把剪坯翻个身，钳住剪头背部分，搁在墩头上，在一段铁的根部位置，敲一锤，使剪体部分也出现一个接近九十度的直角弯，此处的弯角处还是一个比较直的角度，远远没有达到花瓶、美人肩膀或酒坛的造型要求。

装壶瓶一

装壶瓶二

12. 理头

将装好壶瓶后的剪头坯子部位置入洪炉加热，一般放五爿，

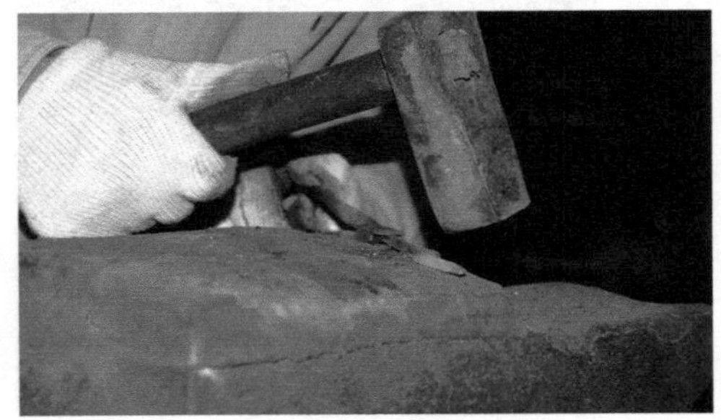

理头

烧得最红的放中间，左右各两爿，出炉锻打。要注意把握头爿的长短、阔狭、厚薄。要注意火候，掌握榔头锻打的轻重，逐步整理出符合要求的剪刀头部形状。

13. 挖里口尾部

剪刀头部整理好后，接下来打制剪刀里口尾部，先用榔头轻轻敲击，使从剪背到剪根基本达成一条线，销钉以下部分基本相似于一个正方形。里口尾部太大，两爿剪刀相配时往外鼓出来，不好看；里口尾部太小就起不到支撑的作用，剪切时就会很累。剪刀中销相当于杠杆的支点，两刀相交剪切的那一点是阻力点，销钉后面里口尾部位置相交的点就称为动力点。如果里口尾部太小，支撑点借不到力，只能靠手用力，剪切效果就不理想。里口尾部挖好以后，再用榔头角在眼位的地方敲一锤，使装销钉的位置变薄，有利于下一步冲眼工序的操作，这一锤也需要有眼力，看得准，敲得准，才会有很好的效果。挖好里口尾部抡壶瓶，就是当师傅在圆壶瓶的过程中，有时圆得大一点，有时圆得小一点。为了使剪坯基本统一，将剪刀口朝上，将壶瓶的位子搁在铁墩上用榔头敲一下，大的壶瓶敲得重一点，小的壶瓶敲得轻一点，轻重也没有统一的规定，完全凭钳手师傅心得体会，目的是为了使每爿剪刀规格统一，口线坐直。在锻制过程中，剪刀口线并不规则，要考虑的是如何把剪刀刃口线拉直。

改里口一

改里口二

具体的操作方法是：把剪刀刃口朝墩头搁实，用榔头在剪刀背上拍一下，技巧也在师傅手上。拍得太重，刃口朝后面翻出；拍得太轻，又无法使刃口线一致，全凭在生产实践中，熟能生巧。

锉里口尾部

14. 改里口

在锉凳上用夹板把剪刀头爿夹紧，位置平正，用中方锉把里口改平（锉平），要求剪刀表面黑疤锉白，改清（业内话，就是看上去表面没有黑疤，清一色的意思）。

15. 锉里口尾部

固定剪刀的工具，在锉的工序中需要用到

在锉凳的夹板上挖一个洞，像剪刀头爿样子，剪刀头穿进去，固定住，在锉凳前装一只铁环，以控制锉刀的运行方向，人可以坐着操作，一手固定剪刀，一手拿锉刀，将剪刀里口尾部锉平整。

16. 刻记号

用凿子在剪坯里口靠近剪根部边上，刻上自己炉灶专用的记号，有圆形、梅花形、三角形、半月形、星形等，表示这把剪刀是某位剪刀师傅做的。

17. 锻剪股（俗称打下脚）

将锻好剪头壶瓶的毛坯，置入洪炉加热后取出，把剪头下部的坯料锻成方形，再圆成八角形的上粗下细呈鼠尾状的剪股。

打下脚

要严格控制下脚长度，要由粗到细，每一榔头之间，过渡要平缓，不能出现竹节状。

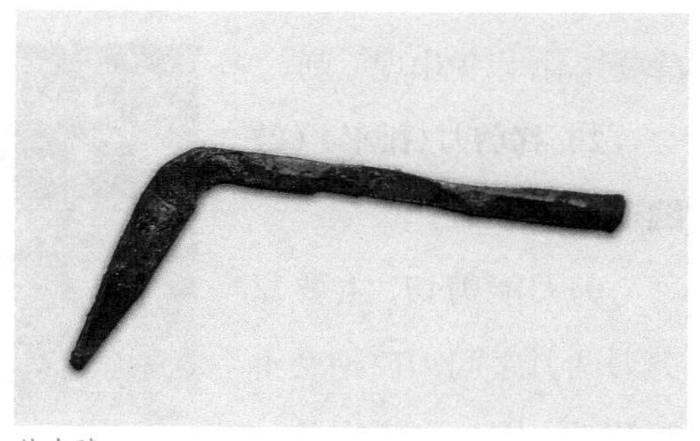

敲克膝

凿下脚。将剪刀坯下脚过长部分凿去，如长度不够，则要加热拔长，使各爿剪坯的下脚长短一致。

18. 敲克膝

将锻好的下脚中端敲弯，以便于后几道工序操作。在手握剪刀时在弯曲处能借力，不易打滑。

拷剪刀

19. 凿眼

在剪根部中心，按剪刀规格尺寸，先用冲头冲出一点眼印，再按眼印点用冲头凿出装剪刀销钉的通孔。

锉剪刀背

要注意通孔的位置，要处于中心，不能上下、左右偏斜，上下要垂直，冲头边缘要光滑，以免出现毛刺。

20. 拷剪刀（排平）（敲缝道）

剪刀能剪切，主要靠剪刀两爿之间刃口相交不断移动，从而切断物体，

锉剪刀口线

刃口之间相交点接触不能间断，不能使剪刃里口任何部位与剪刃接触，这就给剪刀制造提出一个很高的要求，要使剪双刃相交必须使剪刃有一弧度，这一弧度必须依靠手工敲打，把剪刀里口靠背部分压下去，剪刀里口刃部抬高，里口尾部保持水平，这样当两爿剪刀合在一起时就会在中间形成一条空隙，业内称“鹅毛缝”（平直起缝）。由于要使两爿剪刀密切配合不容易，刀只要管住一条刃口线，剪却必须达到两刃一致。上品剪刀刃口看上去有一弧度，而用钢皮尺搁上去量一下，发现剪刀刃口线是直的，排平工序是冷排，另一个重要作用是通过多次敲打，使剪体钢的金相组织更进一步达到细密，千锤百炼更能增加钢的韧性，能使剪切效果更佳。

复眼

21. 复眼

剪坯头部经冷排后，剪孔有可能变形缩小，用冲头对剪孔重冲，使其符合工艺要求。

配剪刀

22. 配剪刀

把打制好的剪刀按眼

位高低，头爿大小、长短，壶瓶高低相配，把最接近的两爿组合在一起。

冲剪刀

23. 冲剪刀（外口）

将剪刀固定在锉凳上用大锉刀锉出剪刀外口的初步形状。

要注意外口的角度，控制核桃肉长短，厚薄均匀。

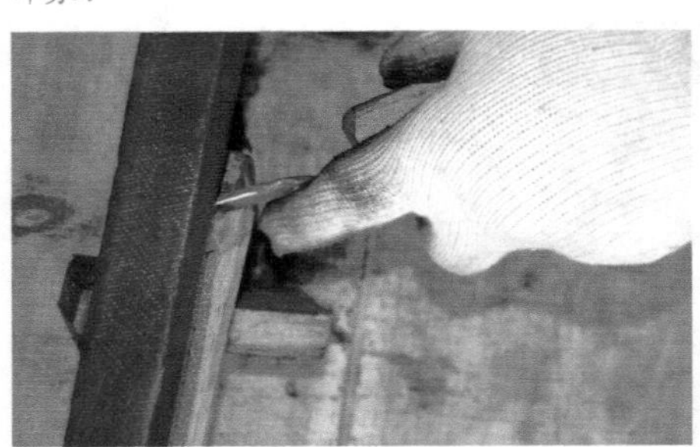
锉外口

24. 锉外口

对外口的初步形状进行第二次加工，锉后使外口厚薄均匀，刃口线平直。

锉核桃肉

25. 锉核桃肉

用锉刀对剪刀坯核桃肉部位进行加工，使剪刀根部平整，倒角符合要求。

26. 锉头

用锉刀对剪刀头进行初步的加工，锉出头形。

锉剪刀头时，动作是由里向外方向锉，而倒角（业内称回【wei】头）则是把锉刀从外向里锉进来，使剪刀头及背脊线的锋头倒掉，不易割破皮肤，同时保证剪头轮廓清晰。

27. 刻记认

把配好的两把剪刀刻上记号，就是用锉刀棱角在剪刀背上刻下相同的一组记号，以使在后面工序完成后装配工能够顺利找到两爿原配的剪刀，手工锻制，看似相同，细分还是千差万别的，钳手师傅在配好的第一组剪上刻一道，第二把剪刀移上一段再刻一道，目的在于便于找到区分开配好的剪刀。

28. 粗磨外口

用粗山石对剪刀外口面进行粗磨，要求将锉刀丝磨干净，保持刃口线平直。

29. 粗磨里口

用粗山石对剪刀里口面进行粗磨，要求将锉刀丝磨干净，不能靠口磨，也不能靠背磨，拿剪刀的手必须保持平稳。

粗磨里口

30. 淬火

将剪坯头部放入洪炉

加热，使剪坯头呈杨梅红色，剪背在下，刃口在上，置入水中冷却，使剪刀刃口钢有一定的硬度。淬火时，要先把剪背入水，剪背厚不易变形，然后再将整把剪刀浸入水中，水温要控制在50℃至60℃之间，当水温过高时就要换一盆凉水。

淬火

31. 细磨外口

在细山石上细磨剪刀外口，使剪刀钢铁分明，将剪刀表面热处理形成的黑疤磨干净。要注意保持剪刀刃口线挺括一致。

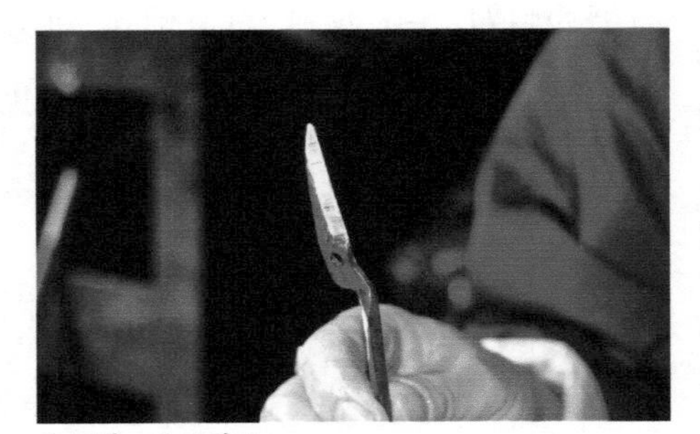
磨好外口后的剪刀

32. 细磨里口

在细山石上细磨剪刀里口，使剪刀钢铁分明，将剪刀表面热处理形成的黑疤磨干净。磨里口时手要稳，不能靠口磨，

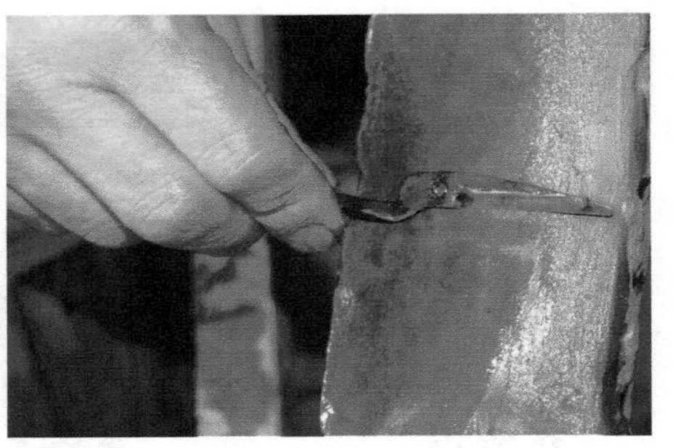
细磨里口

光泥砖一

光泥砖二

也不能靠背磨，必须保持剪刀平整，才能磨出符合剪刀要求的里口面。

33. 光泥砖

在泥砖上仔细磨削剪刀里口、外口，使剪刀钢铁分明。

34. 烫干上油

将经过细磨的剪坯置入沸水中浸烫，取出甩干后，上一层F201薄层防锈油，防止生锈。

35. 检验

对完工的剪坯进行检验，挑出次品、废品，以保证质量。

烫干上油

检验

如前所说，看有没有纯钢头、缩钢头、夹灰、脱根钢、骑马口铁等病疵。

36. 上油捆扎

将检验后的剪坯上油防锈捆扎，送后道工序。

37. 拷下脚

在剪坯做亮加工前，先将弯下脚拷直，以便后道工序操作。

捆扎

38. 锉毛坯头爿

用60号粗金刚砂轮对剪刀头爿进行表面处理，去除剪刀头爿部位锻打后留下的凹凸不平的疤痕。

39. 锉下脚（横丝）

用60号粗金刚砂轮对剪刀下脚表面进行处理，使剪刀下脚表面光滑平整。

40. 绕壶瓶

用60号粗金刚砂轮对剪刀壶瓶表面进行处理，以去除剪刀壶瓶部位凹凸不平的疤痕。

用皮布粗金刚砂轮对剪刀毛坯的头爿、下脚、壶瓶等部位进行加工，磨削掉毛坯外表面的锈斑、毛刺、烂疤，使其发白，把纹丝锉成横状。

41. 锉下脚

用皮布120号中粗金刚砂轮对剪刀下脚进行直丝磨削，使剪刀下脚由横丝变直丝，易于后道工序挨光时进行处理。

42. 挨头爿

用120号中粗金刚砂轮对剪刀头爿进行挨光处理，使剪头部位保持光洁。

43. 挨下脚

用150号细金刚砂轮对剪刀下脚进行挨光处理，使剪刀下脚部位光洁。

44. 挨壶瓶

用150号细金刚砂轮对剪刀壶瓶进行挨光处理。

用皮布细金刚砂轮对锉好的剪刀表面进行第二次加工，把横丝换成直丝，使纹丝细化，表面光亮。

45. 合脚

将做亮的剪坯上夹具后，用钳子把下脚弯成型。

46. 直缝

用手锤敲出剪刀里口面的扭曲角度（俗称缝道），以保证两爿剪刀组合在一起时，剪刃只有相交两点接触，其他部分都分开。这是剪刀轻松柔糯的重要工序之一。

要根据剪刀头爿厚薄、阔狭、硬软等不同性质，在墩头上敲击，使剪刀刃口线达到平直起缝的要求，两爿剪刀合在一起，中间有一条仅能通过鹅毛的空隙。

这道工序要注意榔头敲击的轻重和部位，以保持剪刀刃口线平直。

47. 抢头爿

用150号皮布细金刚砂轮抛磨剪刀头爿，使其表面纹路更细化，更光亮。

48. 串剪刀

将抛光的剪刀经整理后用绳子串好，送入电镀工场。

49. 除油

电镀前处理，利用化学、物理等方法去除剪刀表面的油污。如用木屑、砻糠或用布擦去油污。

50. 浓盐酸除锈

经除油处理后，用浓盐酸清除剪刀表面的锈迹。剪刀上残留的化学物质必须用清水冲洗干净，以免氧化生锈和电镀后因结合力差而产生脱皮现象。

51. 镀三元合金铜

将剪刀放入镀铜槽电镀，使铜覆盖于剪刀外表面，作为镀镍的底层，以增强剪刀的防腐能力和镀镍的结合力。

52. 软布抛光

将镀好铜的剪刀在抛布轮上抛光，使剪刀表面光亮，易于在镀紫铜时能在剪体表面充分吸附紫铜。

53. 镀紫铜

将装上剪刀的挂具放入镀铜缸中电镀，使吸附在剪刀表面的铜层厚度达到10微米以上。

54. 镀镍

将装上剪刀的挂具放入镀镍缸中电镀，使吸附在剪刀表面的镍层厚度达到10微米以上。

55. 软布抛光

将镀好的剪刀在抛布轮上抛光，使剪刀表面光亮，有利于在镀铬时能在剪体表面充分吸附铬离子，使剪刀具有良好的抗腐蚀能力。

56. 镀铬

将装上剪刀的挂具放入镀铬缸中电镀，使吸附在剪刀表面的铬层厚度达到10微米以上。

57. 检验整理

将光亮后的半成品剪刀经检验整理，去除如脱皮、起泡、镀层不均匀等不合格剪刀，将合格的剪刀用绳子串好，送入后道工序继续加工。

58. 宕磨

在泥砖上精磨剪刀的里口面和外口面，然后铲直刃口线。

59. 拖锋

将精磨后的剪刀在泥砖上拖锋，方法是将剪刀刃口在固定的泥砖上顺势从剪根到剪头轻轻磨擦一遍。

作用是将剪刀里外口磨削时出现的毛刺去掉，使剪刀剪切更柔和顺畅。

60. 烫干上油

把磨好的剪刀头在沸水中浸烫，拿出来甩干，然后涂上防锈油。

61. 检验

完成以上工序后，作一次检验，去除不合格的半成品。如砂轮丝没磨干净，剪刀里口尾部没磨透，口线没有磨直，剪刀头部磨塌、厚口子。

62. 凿销钉

销钉是剪刀的主要配件，按规格要求，凿好长短适度、粗细合适的销钉。

63. 冲眼线

眼线即垫圈，按规格用铜皮或铁皮冲出大小不等的垫圈，以供剪刀装配用。

64. 相配

将剪刀长短、宽窄、下脚粗细、壶瓶高低相同的配成一把剪刀。

65. 钉眼

钉眼也叫装钉，将相配好的两爿剪刀，用销钉通过剪孔，配以眼线，然后铆接成一把剪刀。

66. 拷油

对装钉后的剪刀进行整理校正，使其缝道一致，外观对称，剪切锋利，松紧适度。

67. 凿花

在剪刀头面上刻上鱼虫花鸟以及西湖风景等图案，另外刻上商号名，以便识别生产单位。

具体方法：左手拿凿子，右手拿小铁锤，连续用小铁锤敲击凿子，敲一下出现一个点，由点连成线，再由线条组成各种文字和画面。

68. 检验

剪刀成品检验，以确定产品等级。按照剪刀剪切的轻松度、光洁度、平整度、锋利度等指标要求进行检验。

69. 擦干净

对剪刀表面进行擦拭，去除手指印、灰尘，确保剪刀整洁。

70. 上油

涂上防锈油，防止生锈。

71. 扎藤、扎丝

在剪刀把环（脚柄）上缠扎红藤或丝线，增加美观。

72. 包装入库

将剪刀置入纸盒、木箱后送入仓库待售。

这七十二道工序，是张小泉及其历代子孙给人们留下的极为精湛的剪刀制作工艺，是一代又一代劳动者智慧和心血的结晶。“张小泉”正是依靠这项技艺铸造出有着三百多年历史、三百多年辉煌的品牌，并造就了杭州制剪业的发达。

然而用今天高科技的眼光来看，这种制作方式太过复杂原始，不适合大工业时代的要求。传统张小泉剪刀锻制工艺一直用到20世纪50年代末，杭州张小泉剪刀厂在七十二道工序的基础上，借助机器生产，简化成二十四道工序，大大提高了剪刀的产量和质量。

[贰]镶钢锻制

张小泉制剪的关键技艺，是他首创的剪刀镶钢锻制工艺。此前人们制剪均是用铁锻打，张小泉率先在剪刀刃口处嵌入一层优质钢，经过锻制和热处理（淬火），并采用镇江特有的泥砖精磨，使钢的硬度、韧性能磨出锋利度。而刀背与把手部分都是铁，易于加工，不易断裂，使得钢铁各自的特点得以发挥，达到刚柔相济的效果。

锻打民用剪采用“镶钢锻打”工艺，全为手工制作，工序有二十四道，现摘八道主要工序介绍如下：

（1）毛坯：用于剪刀刃口的钢坯。

（2）开槽：在铁坯上开槽，用于剪刀刃口钢的镶接。

（3）镶钢：将钢嵌在槽口里。

（4）锻打成型：自由锻打成型。

（5）打磨：打磨、做头。

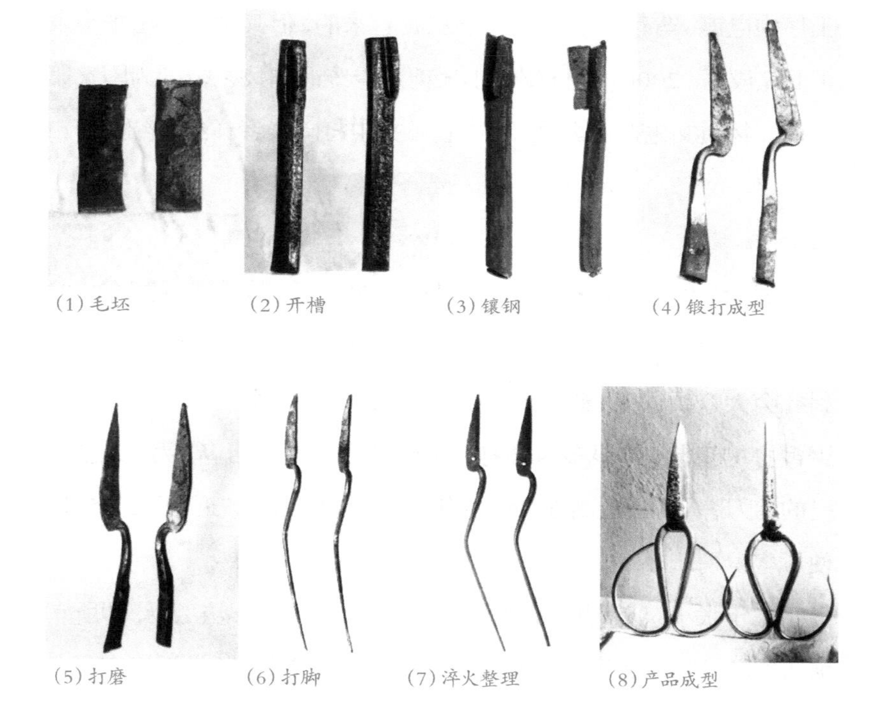

（1）毛坯　（2）开槽　（3）镶钢　（4）锻打成型

（5）打磨　（6）打脚　（7）淬火整理　（8）产品成型

（6）打脚：自由锻打脚成型。

（7）淬火整理：通过淬火，剪刀坚硬而有韧性。

（8）产品成型。

张小泉剪刀凭借这项独门秘技迅速出名，在杭州剪刀行业中处于鹤立鸡群的地位。

传统张小泉剪刀锻制技艺，经过数百年的发展、成熟，最终形成七十二道工序，使制剪工艺达到较为理想的状态。虽然七十二道工序中电镀、凿花等工序是后来发展起来的，但其主体是在张小泉手上完成的。2006年，杭州张小泉剪刀传统锻制技艺被列为国家第一批非物质文化遗产名录。本书在下文中将向读者详细介绍七十二道工序。

[叁]良钢精作

据《浙江文史资料》记载，张小泉谢世后，其子张近高在1693年继承了父业。他恪守“良钢精作”的家训，生产剪刀讲究质量，受到社会大众认可，生意兴隆。但当时杭州制剪业全面仿效张小泉镶钢锻打的工艺，且很多店铺打出了相同或相似的店名。为了维护自己的剪刀牌子，张近高在“张小泉”三字之下，加上“近记”二字，以便顾客识别。

当年张小泉剪刀店临街面是店，店后进就是作坊工场，即所谓前店后场。生产就靠父师子徒，两人合作，十分辛苦。张近高在经营

“近记”的时间里，铺张店面和生产场地，扩大经营，增加了原始积累。他用从父亲张小泉手里学来的制剪技术，始终亲自参与剪刀制作，并把这门技术连同他丰富的人生经验传授给儿子张树庭。

张树庭接手剪刀店后，经济实力经过两代的积累，已有长足的发展。乾隆皇帝避雨买剪刀的传说就是在张树庭掌店时发生的。

清乾隆四十六年（1781年），乾隆皇帝二下江南，与纪晓岚微服游城隍山。下山时不巧碰到天下大雨，两人避入山脚的张小泉近记剪刀店。他们看雨一时半会停不了，闲来无事，便观赏起店里出售的剪刀。张树庭见有客人上门，就热情地介绍起剪刀的性能、款式以及店名的由来。乾隆对眼前做工精良、手感舒适的张小泉剪刀越看越喜欢，便购买了几把，带回宫中，供嫔妃使用。因反响颇佳，嗣后便责成浙江专为朝廷采办贡品的织造衙门，进贡“张小泉近记”剪刀为宫中用剪。乾隆皇帝又御笔亲题“张小泉”三字，赐予张小泉近记剪刀铺。张树庭当即勒石刻碑，立于店内。从此，“张小泉”剪刀又被称为“宫剪”，名播南北，誉满华夏。

成为贡品使得“张小泉近记”销量大增，光靠父师子徒已经不能满足市场需求。张树庭开始招用徒工。但店铺对学徒艺成升为师傅，再招收徒工的要求非常严格，技艺标准也从未稍降。经过长期的培育发展，店铺在规模得到发展、资本得以积累的同时，也造就了一支技术精湛的优秀工匠队伍。

御赐金字招牌“张小泉”，张树庭传张载勋，张载勋传张利川，到光绪二年，即1876年，传至张永年。由是代代相传，“张小泉”三字在当时就已几乎成为剪刀的代名词。一代又一代张小泉的传人始终恪守“良钢精作”的祖训，制作的剪刀品质上乘，美观精致，让使用者得心应手。“良钢精作”讲究的，一是选料上乘，二是做工精致。在太平天国前，“张小泉”制剪，向来采用龙泉、云和的好钢。1840年，海禁开后，更是不惜成本，选用进口优质钢。这与其他炉坊为降低成本，混用杂钢的急功近利的做法截然不同。

“张小泉”还适应市场需求，主动改进产品，积极开发新品。南

張近記老店

[illegible]

餘貨刀色小件
不及細載各[illegible]
客貨定價不二
淨錢九九劃一

同治四年六月　古杭張小泉近記[illegible]主人謹識

清同治四年（1865年），张小泉近记老店的价格表

洋一带，常年湿润，剪刀容易生锈，张小泉近记剪刀先以白藤扎脚，继涂红、绿油漆，后又改用红、绿花线包脚，不仅美观，对防锈防腐，也具有很好的作用。

张利川掌业后，了解到市场上需要大批生产用剪，于是及时组织工匠潜心研制，陆续生产出手工业用的鞋剪、袋剪、裁缝剪，农牧业用的猪毛剪、羊毛剪、桑剪、接桑剪，园艺用的轧草剪、树剪等多种剪刀，扩大了经营范围，增加了市场份额。到清末，“张小泉”剪刀已被公认为驰名类地方产品。

清同治年间，范祖述在撰写《杭俗遗风》一书时，讲到了杭州独特的手工业品“五杭”：“五杭者，杭扇、杭线、杭粉、杭烟、杭剪。……剪刀店则推张小泉一家而已”。且将其列为驰名类产品。

[肆]张小泉剪刀的“磨砺”与“拷油”

提起张小泉剪刀，人们总是交口称赞：张小泉剪刀锋利、快，钢火好！简简单单几个字概括了张小泉剪刀的特点，也道出了张小泉剪刀在消费者心目中的地位。

钢火好包含了三层意思：一是指剪刀刃口用的钢好；二是指热处理工艺过关，火候处理得好；三是指使用顺手，如果使用不顺手，那再好的钢，淬火再过关，也未必能获得消费者青睐。

一、“磨砺”与“拷油”对张小泉锻制剪刀的作用

“张小泉”在剪刀磨削上狠下工夫，剪刀头爿不是平板一块，而

是有一弧度，要使磨好的剪刀有一条笔直的刃口线，又要使剪刀刃口两点相交，出现一条仅能通过鹅毛的空隙。“张小泉”在使用江苏镇江的特产泥砖作为磨削工具时，非常注意磨出至关重要的弧度。这也是张小泉剪刀经久不衰的小秘密。

在剪刀磨削时要做到：塌头起节不放，凹凸口不放，里口尾部不磨透不放，侧口不放，起节、圆口不放，磨得不透不放，刃口不直不放。

“张小泉”在整理剪刀，专业用词叫“拷油”的过程中也有独特的研究，总结提炼出多种操作手法，如刹根榔头、扳起榔头、扑一榔头等等。

在剪刀整理“拷油”的过程中做到缝道不起不放，发现扭缝不放，口子不直不放。

在剪刀制作过程中，炉灶锻打决定了剪刀的内在质量，钢铁分明，热处理淬火保证了剪刀刃口钢达到硬度与韧度的要求，磨削则使剪刀达到锋利度的要求，而“拷油”则使剪刀剪切时达到轻松、柔糯的要求，几大工序分工合作，从而保证了张小泉剪刀得以成名并长盛不衰。

在剪刀进入磨削工序之前，还有一道很重要的工序，就是敲缝与合脚，两爿剪刀相配，剪面不是平板一块，而是具有一定弧度的曲面，要靠手工敲打出头，侧弧的剪刀磨削后才能制造出剪切轻松的剪刀。当剪刀用刀石粗磨与泥砖精磨后，进入后一道工序就是相配，把两爿头部大小、高低一致，壶瓶粗细、大小、高低一致，眼位高低左右一致的两爿剪刀用销钉组装起来，就将进入后道工序："拷油"。因为剪刀磨削后上过防锈油，所以剪刀行业称整理为"拷油"榔头，逐步演变为"拷油"，省略了"榔头"两个字，在剪刀行业内部只要说起"拷油"，大家就会心领神会，知道在说最关键的一道工序："拷油"榔头，而行业以外的人听了，大多会感到新鲜好奇："油"怎么能"拷"啊！

一把剪刀是否达到开合和顺，最重要的一关就是"拷油"师傅，当然也离不开前面各道工序的配合。行业内有一句俗语叫：疖老儿归总。意思是说前面所有工序的病疵，到此来个大聚合，锻打时的毛病磨削口线不直、凹凸口、里口尾部不磨透、塌头、起节、圆口、侧口等毛病都将在这里集中，这就需要"拷油"师傅有高超的技术，一一加以解决，最终使剪刀达到开合和顺。这手功夫，不是三两日能练到家的。

二、"磨砺"与"拷油"的工具和方法、经验与技巧

在剪刀生产过程中，"磨砺"与"拷油"占有很重要的地位，这两道工序所使用的工具和方法、经验与技巧，在这里作个大致的说明。

传统制剪中的"磨砺"所使用的工具有：条凳、磨盆、夹磨刀

石的木架、磨刀石、泥砖。磨剪刀的方法和磨其他刀的方法有一定的区别，因为剪刀在磨之前已经被敲了一个特写的弧度，有经验的磨刀人可以在平面的磨刀石上磨出带弧度的剪刀，右手抓住剪刀下脚，左手拿一小木棒，开槽、压住剪刀背、沾上水在磨刀石上磨，必须把剪刀的里口外口磨透，使磨过的剪刃口看上去有弧度，用直尺搁上去，口线是直的，达到这一要求才能称一把好剪刀磨出来了。然后再用泥砖细磨，手法与在磨刀石上磨是一样的，但手势轻重则有细微差别。

不论在磨刀石上磨还是在泥砖上磨，都不能出现靠背磨或者靠口磨，手势要稳，不能把剪刀口磨圆，否则“拷油”时刃口无法相交。

从制剪行业来看，不论是过去或是现在，其他各道工序，包括打剪刀可以用跳板榔头、弹簧锤，热处理用热处理流水线，磨削剪刀可以用砂轮机、宕磨机，合脚可用合脚机，敲缝可以用压缝冲床，唯有“拷油”这道工序至今还是用传统手工操作。

“拷油”主要工具有铁墩、榔头、砂轮、试刀布、漏盘等简单的工具。操作方法还是依靠手感目测，“拷油”师傅拿起一把剪刀，试一下销钉松紧：如太松，敲一榔头使其紧凑；如太紧，在墩头上拍一下，使销钉稍稍松动一些，再试着张开剪刀口，手感哪些地方起节（有凹凸手感，俗话说像竹节），把凸起的地方用榔头敲下去一点，凹下去的地方把剪刀面朝墩头，在剪背上拍一下，使其鼓出来一点。总之，要使两爿剪刀每一相交点都能柔顺接触，以达到最佳效果——轻松柔糯。

不论剪刀“磨砺”还是“拷油”，都需要经验的积累，不断摸索，因为每把剪刀的病疵都可能不一样，这把剪刀能用的方法，到下一把剪刀就可能用不上。只有靠不断学习，才能全面掌握各种技艺，并能熟练运用。所以在剪刀行业，不论磨剪刀能手还是“拷油”高手，都会受到整个企业所有人的尊重。

作为高手，工具的选择也很有讲究，磨刀石有软硬之分，泥砖更有软硬之分、粗细之别。只有工具得心应手，才能在生产剪刀过程中，随心所欲地处理各种问题。“工欲善其事，必先利其器”。作为“拷油”师傅主要工具之一的墩头与榔头，对能否制作好剪刀具有很重要的作用，有经验的“拷油”师傅，在墩头上开槽都要亲自去做。槽的深度、宽度、坡面，每一人都有自己不同的理解。“拷油”榔头的轻重，木柄的长短粗细也都有讲究，用别人的总会感到不顺手。

“师傅领进门，修行在个人”，即使同一师傅教出来的徒弟，每人的悟性不同，成就不可能一个样。在剪刀行业中，“拷油”这道工序手工制作延续数千年，还是没有实现机械化，还必须依靠“拷油”师傅们一榔头一榔头地敲出来。

三、张小泉剪刀“光亮”

光亮与凿花工艺是张小泉剪刀表面处理的两种方法。

我们知道，剪刀表面处理要解决三大问题：一是防锈；二是防滑；三是美观。

剪刀镀镍工艺产生于1919年，再后来进一步发展到镀铬，剪刀表面防锈的问题基本上得到了解决，因为金属铬具有很强的抗腐蚀性，含铬量达1.2%左右的铁称为不锈钢。在剪刀博物馆的陈列柜里，镀铬的剪刀外面有一种包裹着塑料丝，俗称玻璃丝，在江南多雨的地方更是受到消费者的广泛好评。这种扎玻璃丝的镀铬剪刀手感好，能防锈，而且美观。除了扎丝剪还有扎藤剪、赛璐璐（浸塑）剪、烤蓝（发蓝）剪等各种表面经处理以防锈的剪刀。（见清同治时的招贴）

1919年以前，张小泉剪刀镀镍工艺应用之前，剪刀表面防锈问题又是如何解决的呢？那时，剪刀表面采用涂油漆、扎藤以防锈。

在制剪过程中，有一道工序叫“光亮”，就是把剪刀表面做光，使得剪刀表面光滑、手感好，“光亮”这道工序在锻打四十四道工序结束，剪坯转入“白工”（“白工”包括“做光”与“拷油”等工序）。剪刀“光亮”时，制剪师傅把剪刀夹在专用的夹子上固定住，用刮刀把剪刀背、剪刀脊、剪刀里口尾部下面、下脚部分一点点地刮平整，然后用瓷碗片刮，每一个地方都刮过以后，再用钢条蘸点儿油，再把上述部分都刮一遍。这几道工序做下来，剪刀整体已经没有棱角，通体光洁，这就是剪刀师傅处理剪刀表面的复杂工艺。

现在生产的张小泉剪刀不锈钢剪刀或不锈钢剪刀头与塑料手柄组合的钢塑结合剪刀占相当一部分，不锈钢剪一般采用电抛光工艺。

四、张小泉剪刀的凿花工艺

1919年，张祖盈试制成功镀镍剪刀，剪刀表面干净、光亮，大受顾客欢迎。光亮的剪刀显得太素净，顾客希望在光亮的表面能采用艺术的手法点缀一下，以提高其观赏性。同时，剪刀业内部对名牌的竞争也十分需要文字广告。这就为为剪刀凿花的诞生提供了市场基础。

20世纪20年代，由于卷烟厂的兴起，原先为有钱人青睐的水烟抵御不了干净、方便的卷烟的竞争，而节节败退下来。水烟壶凿花艺人朱阿林面临失业的危险，于是他寻找新的出路，试着依照水烟壶的样式进行剪刀凿花。花是凿出来了，商家也还满意，但朱阿林感到太累，因为剪刀小，又不平整，容易滑动，于是他把剪刀绑在铁砧上，凿起来不滑动了，可装上卸下又太麻烦，他又试着在台子上钻孔，用绳子穿起来，下面用脚踩着，上面的绳子把剪刀压住，固定了，凿起来果然方便，图案也好看了许多，他的业务一下子发展起来，这事被另一人陈阿大知道了，他也是凿水烟壶的失业艺人，也做起剪刀凿花的加工，陈家子媳多，还收了徒弟，剪刀凿花的规模比朱阿林大，于是两家基本把持了剪刀凿花行业。朱阿林的风格是线条粗壮，点子密集，以花鸟见长。陈家兄弟的风格是点子齐、匀、亮，图案以风景见长。原银楼工人转行的人中沈金林的字体首屈一指，端庄遒劲，功底深厚。

新中国成立后，随着社会安定和人民生活水平日益提高，剪刀销售的范围迅速扩大，剪刀凿花也供不应求，工人经常处于日夜加班的状态。1953年，剪刀凿花工人应召前往手工业联合社仓库凿花加工，从此摆脱了一家一户个体加工的局面，也走上了集体生产的道路。

1958年，国家提出开展“技术革新”、“技术革命”的群众运动。剪刀工人响应国家号召，提出要甩掉榔头、风箱，要用机械来代替。在张小泉剪刀厂一位叫任重道的既会凿花又懂电器的师傅，率先推出凿花机。

张小泉剪刀厂的机械师傅傅宝泰紧接着也制成了凿花机。由于当时凿花工人邱宝安在技术上的权威声誉，领导安排由他来试车。凿花机的锤击速度数倍于手工锤击，快得手工几乎无法操作，后来装了脚踏开关，但由于凿花机锤击的间距较小，工件、凿子、机械之间的间距精确度要求很高，刻凿时往往要卡住而无法运用手腕，如果间隙过大，凿子又无法凿出一定的深度。最后他想，既然无法自由调控凿花机与工件的间距，那就由工件来自由调控与凿花机的距离，改进后达到了自由调控凿花中的轻重缓急和上下移动的目的。

凿花机的应用，极大地提高了凿花的工效，操作成熟后，个人的单日产量大约是手工锤击时的两三倍，甚至四倍。但是，高速度行走于工件上的凿子，精美图案的描绘难度也成倍地增加，在以产量作为工效记录的制度面前，精美图案在工件上几乎消失，追求图案刻凿精美的人，也就成了凤毛麟角。

改革开放三十年来，剪刀生产得到了长足发展，生产能力已能充分满足国内人民的客观需求。同时，由于美化金属表面的技

20世纪50年代刻花：以前“张小泉”三个字就是通过手工刻花做上去的

术水平的提高和方式的多样化，剪刀凿花工艺目前已趋于萎缩状态，然而，有识之士已发现了问题之所在，从保护非物质文化遗产的高度出发，重新组织起有生力量，进行优秀传统技艺的培训和传承。可以预见，一个剪刀凿花万紫千红的新局面正在向我们迎面走来。

五、张小泉剪刀的关键工艺——打剪刀、淬火

张小泉剪刀成名三百四十多年，享誉中外，经久不衰，这也从一个侧面说明张小泉创业的成功，他的传人守业的成功。

拂去三百多年历史的尘埃，回望“张小泉"的创业史，我们从他不拘一格勇于创新，做工精细选料考究，积累经验保证质量，诚实经商信誉第一，自我保护等方面所经历的创业之路来看，这些宝贵的经验对今天也仍有一定的启示作用。

剪刀刃口不同于其他刀具的刃口，它必须两爿合配，口缝一致。一把剪刀要达到平直起缝，刃口锋利，开合和顺，软硬可剪，就要求做到磨工精细，里口外口磨透磨清爽，光洁平正，拖锋铲锋恰到好处，两爿相称，销钉正直，无大小缝，口线平直，敲功讲究，两爿相同弧度的鹅毛缝，相交两点硬度一致。

要达到以上要求，必须突破传统的生产工艺和操作方法，只有采用新工艺、新技术，才有可能做到这一点。因为传统工艺要么直接用纯钢锻制，如打造龙泉宝剑，千锤百炼；要么全部用铁打制。如

凿花大师邱宝安现场表演凿花

果用铁，硬度又达不到要求，怎么办？经过实践，终于被“张小泉”研究出一点名堂，剪股剪背用铁，剪刃用钢，这样就能具备铁的柔韧便于加工，刃口又有钢的硬度，能磨出锋利度。首创剪刀“镶钢锻打”工艺，成为张小泉剪刀的秘密武器，成为提高剪刀质量的可靠保证。浙江龙泉、云和又是产好钢、铸宝剑的地方，早已名声在外。正应了一句俗话：好钢用在刀刃上。有了好钢，有了镶钢工艺，使提高剪刀剪切锋利度成为可能。在实际制作过程中，要求剪刀两爿交点之间的硬度相差不能超过4度。锋利度要求达到嫩口剪绸不带丝，老口剪布不打滑，不咬布。钢铁分明，头爿钢路一线到头，刃口钢宽狭匀称，无纯钢头，无跷钢，无明显夹灰。

其次，“张小泉”在研究淬火工艺上也有独特的见解，在实践中摸索出一套镶钢锻打、剪刀淬火的新方法，既使刃口钢的硬度达到要求，又使剪体剪背的铁达到容易敲打的柔韧度，使镶钢工艺达到珠联璧合的效果，这就是流传民间的“张小泉”独特的掌握火候的功夫。淬火的技艺不光在加热，温度不能过高也不能过低，关键在于回火，全用油冷却，效果不够理想，通过研究，采用油水混合液体作为冷却液，终于达到理想的效果，钢的锋利和铁的柔韧合于一身，有利于剪刀的加工整理。

六、剪刀在使用中的常见病与维修

剪刀是日常生活中最常用的工具之一，几乎每家每户都拥有大大小小的剪刀好几把，但要注意大有大的用处，小有小的用处。不能拿到什么剪刀就用什么剪刀，用小剪刀剪大东西，虽能剪开，但需用更大的力，而对小剪刀来说，受力太大，就很可能造成损伤。

剪刀在日常使用中的常见病主要有以下几种：

一、刃口钝了，剪不断东西。这有几种原因：一是这把剪刀使用时间长了，刃口不锋利。二是剪刀两爿之间夹角太小，只有85°至90°角，当剪刀新时，靠锋刃可以剪切，一旦剪刀锋刃用钝了就很难再将东西剪断了。

二、剪刀销钉太紧，两爿剪刀要张开必须花好大的劲才行，这是因为剪刀由两爿组成，靠中间销钉组合在一起，如果装配时销钉敲得太紧，两爿剪刀要想分开就很吃力了。

三、剪刀销钉太松，剪刀使用时手感也不会好，还没用力，两爿剪刀就自动分开了。

四、剪刀销钉钉歪了，转到一边的两爿剪刀就会太紧而分不开，当转到另一点时，又会感觉两爿太松了，手感也不好。

五、剪刀根部，行话称里口尾部，指剪刀销钉以下部分。剪刀销钉符合杠杆的原理，相交刃口之点为受力点，销钉为支点，握手处为施力点，其实这只是指一爿剪刀时的情况，而当两爿剪刀工作时，一上一下要相互配合，才能切断物体，这就需要一个借力点，才能在使用剪刀剪切时手感轻松，剪刀里口尾部就是起到这个借力点的作用，只要你张开任何一把使用过的剪刀，都可以在剪刀里口尾部上面看到两相摩擦所受到力的痕迹，如果里口尾部太小，借不到力，就只能靠两只手用力，那么这把剪刀用起来就不会感到轻松了。

六、剪刀剪切时互相“咬口”，意思是剪刀在热处理淬火时温度不一致，或者用的钢材不一样，结果造成剪刀相交的两点硬度不一致，硬度高的一爿就会把硬度低的那一爿“咬”进去，这样用过几次，这把剪刀就只能报废了。

对于上述各种病疵，有的是设计上的问题，如两爿剪刀之间夹角太小，属于先天不足，必须从设计上找原因，扩大夹角，也就是在敲缝时必须达到70°至80°的角；再比如，里口尾部太小，借不到力，也属于设计上的问题，只有符合借力要求，才能保证剪切时手感好、省力；有的歪曲属于生产时出现的病疵，如“咬口”、“淬火”、“回火”时温度把握不到位；还有的属于产品不合格，销钉太紧、太松，销钉歪曲等；还有就是原材料把关不严，刃口钢的型号不一，造成淬火、回火后硬度不一。

七、张小泉剪刀的磨刀师傅与磨刀技艺

磨刀师傅是指带着专用磨剪刀工具，走街穿巷为消费者提供修磨剪刀服务的专业人员。说起磨刀师傅，早在南宋时，杭城就有走街穿巷的磨刀师傅，记录南宋都城杭州风土人情的《梦粱录》，就记载着杭州“磨剪刀”的场景。“……街巷还有许多修旧人，听候主顾呼唤，如补锅、箍桶、修帽子、修鞋、修磨刀剪、修扇子、磨镜子等。”

在制作剪刀的过程中，磨剪刀是一项很重要的工作。剪刀的锋利度不光取决于钢的好坏、淬火的成功，很大一部分还取决于磨砺，口线一致，平直起缝，里口尾部磨透，就为“拷油”整理打下了良好基础，“拷油”时省时省力，开合和顺、剪切锋利。

目前社会上，有一些“张小泉”企业退休的师傅，利用自己的一技之长，发挥余热，上街为消费者提供修磨刀剪的服务。在修磨剪刀师傅的手里，一把把旧剪刀都恢复了使用功能。

从各个渠道反馈的情况看，这些老师傅竖着“张小泉剪刀厂退休工人”的招牌，服务态度好，手上技术好、收费价格合理公道，所

杭州张小泉剪刀厂“为用户服务队”上街磨刀剪

以生意都不错。许多磨刀师傅都有相对稳定的顾客群。

这些磨刀师傅，大多是拿退休金，本可以安享晚年，但剪刀师傅一生劳作，到了退休年龄还不愿意歇下来，成为一道新的风景，有些师傅走进了电视等新闻媒体，从另一方面扩大了“张小泉”的影响。

八、张小泉剪刀的“售后服务”

“张小泉”门市部都设立了售后服务点，随时为消费者提供修磨剪刀的服务。张小泉剪刀厂更有一支坚持“二十四年不间断上街”、到消费者家门口为消费者提供修磨剪刀服务的共产党员义务服务队。

据1961年8月7日《杭州日报》报道，为了保持产品质量优良，杭州张小泉剪刀厂修订了每道工序产品质量的检验，标准每道工序都有样品，作为检验的依据，使操作工人心中有数，明白什么是合格剪刀，什么是不合格剪刀。在企业内部狠抓质量管理的同时，公开向消费者承诺，出厂剪刀实行包换包修，规定消费者买去的剪刀在一定时期内负责包换包修，凡是有口铁、断钢、开头、缩钢头、脱根钢、滞钢等毛病的负责包换，凡眼钳脱落、开口过头、销钉松紧等毛病负责免费修理，这一规定现在仍在执行。

1982年3月，杭州开展“全民文明礼貌月”活动，杭州张小泉剪刀厂组织了一支共产党员服务队，参加了这次活动，义务为消费者免费修磨剪刀，受到了热烈欢迎，这支共产党员义务服务队就像一棵常青树，坚持到今天，虽然人员换了一批又一批，但为消费者服务的宗旨没有变。每次活动，“张小泉”的摊位总是最受欢迎的。

从2004年开始，“张小泉”与杭州解百“全国产品质量跟踪站”联手，走进社区到消费者家门口提供服务，频率加快，不光逢年过节，平均起来几乎每个月都要组织共产党员服务队为消费者服务。

一个产品能够立足市场，除了质量过硬，售后服务也是一个很重要的原因，张小泉剪刀不仅产品质量好，售后服务工作也紧紧跟上，通过多年努力，终于培养出一大批坚定的消费者，通过口口相传，“张小泉”的名声深入人心。

[伍]保护张小泉剪刀锻制技艺的意义和价值

保护张小泉剪刀锻制技艺意义深远，在中国剪刀三千多年发展的过程中，直到清初才由张小泉首创了“镶钢锻打”制剪工艺，从而傲立中国制剪业龙头地位，三百多年长盛不衰，形成“北王（王麻子）南张（张小泉）”遥相呼应的局面，虽然目前剪刀业经过技术革新，以不锈钢与塑柄组合剪刀成为主流，但任何事物的发展都不能割断与根的联系。

张小泉剪刀锻制技艺所包含的锻打、淬火、磨砺、“拷油”，使一把简简单单、普普通通的剪刀包含了丰富的文化内涵，是我们中华民族手工业中的精品，值得骄傲。

一些上了年纪的参观者，总是有一种怀旧的情思，最明显的就是常说起一句："老底子的张小泉剪刀（专指手工锻打的张小泉剪刀）钢火好！"这里只用三个字就概括了消费者心目中一把好剪刀的特点。

钢铁由于含碳量的不同，称为钢、生铁、熟铁等等，钢性很硬，能磨出锋利度，多次剪切仍可保持锋利度不变。千古流传的"好钢用在刀刃上"，这一格言在张小泉锻制剪刀中得到了充分的体现，但钢太硬，难以加工的缺点也非常明显，拷得轻了，形状不会发生变化，剪切所需的缝道（夹角）无法获得；而拷得重了，就会"嘣"的一声断裂了，一把剪刀经过几十道工序，在最终"拷油"时断裂、报废，前功尽弃，那也太可惜了。而没有钢的硬度保证，剪切时就会不锋利。这个矛盾在张小泉手里得到完美解决，这就是"镶钢锻打"工艺的发明、使用和推广。我们现在知道铁性柔软，可塑性大，易于加工，用在剪刀背、剪刀下脚部分，而包裹衬托着刃口的一小部分钢，使钢的硬与铁的柔达到有机结合，也可称为珠联璧合。可以毫不夸张地说：剪刀"镶钢锻打"工艺，既是张小泉对中国制剪业的一大贡献，也是张小泉剪刀得以成功，名扬四海，称雄剪刀行业的小秘密。

杭城制剪业同行在公开销售的张小泉剪刀上发现了钢铁分明

这一特点，模仿、学习、掌握“镶钢锻打”技艺，使之成为杭州剪刀生产的普遍规律，但张小泉创下的名头，是后来者很难超越的。

张小泉首创“镶钢锻打”剪刀，开创了一个剪刀新时代。保护这一传统工艺，在当今社会发展阶段有必要，也有可能。实施这一保护措施的主要价值，主要体现在古为今用的精神上：这就是把一件简单的事情做到极致，就是一门登峰造极的艺术，能激励“张小泉”人保持传统，不断创新。

杭州

张小泉剪刀锻制技艺的传承

在长期的发展过程中，张小泉剪刀的优秀传承人层出不穷。

张小泉剪刀锻制技艺的传承

[壹]代表性传承人

一、张小泉的重要传人——张祖盈

“张小泉”的第七代传人张祖盈,1890年生于杭州,毕业于南京政法大学。

1909年,张祖盈任张小泉近记掌门,店内的日常事务由外聘的高夔堂管理。张小泉剪刀是年在南洋第一次劝业会上获银奖。1915年2月在美国旧金山举办的太平洋“万国博览会”上,获铜奖。从此,张小泉近记剪刀,不仅在南洋一带生意年年增加,而且还远销欧美一带,在国内也畅销赣、皖、湘、鄂、川等省。当时张小泉近记平均每月门市销售量计一万余把,金额接近万元。

晚年张祖盈

1917年，张祖盈在上海发现理发剪镀镍，颇为美观。返杭后他就和几位老师傅积极研究试制，先请炉灶师傅丁阿洪把剪脚由原来的细方形，改为粗圆形，并请好友陈庆生专门研究拷磨、弯脚、抛光、镀镍等工艺，经过反复改进，终于试制成功。产品更加美观，一经销售，大受顾客欢迎。此举开中国传统民用剪表面防腐处理之先河，1919年获北洋政府农商部六十八号褒奖。同年在美国费城博览会上再获银奖。张祖盈投资五千银元在大井巷，正式修建镀镍工场，雇用师傅一二十人，学徒八九人，年产量在十万把以上。

约在1919年，张祖盈曾受浙江病院院长、留日医师韩清泉嘱托，研制医疗用的剪刀、钳子和解剖器具。虽然因生产条件所限，产品不能和舶来品竞美，更因当时的多数医生，又受崇洋心理驱使迷信“洋货”，最终未能打开市场局面。但毕竟为医用刀剪的国产化，迈出了坚实的第一步，也为日后医用刀剪的生产积累了宝贵的实践经验。

1926年，张小泉近记剪刀在美国费城的世界博览会获得银奖章。为了迎接杭州1929年的“西湖博览会”，张祖盈在店堂里安装了电话，加大广告宣传力度，除了在报纸杂志上登载张小泉近记广告外，还到处张贴广告，制作霓虹灯，甚至在市内公共汽车上、郊外长途汽车上，都挂了美术广告牌。张祖盈还继续推行剪刀“三包”：包退、包换、包修制度。1929年10月，国民政府新任浙江省主席张静江在杭州西湖举办的博览会上，特邀张小泉剪刀参加。由于张祖盈的前期宣传，又加上张小泉剪刀质量好、名声大，许多中外客商纷纷订货，成为“西博会”的抢手货。这年张小泉剪刀产量达到一百六十万把，创历史最高纪录。张小泉剪刀获“西博会”特等奖殊荣。

据原张小泉近记剪刀店股东张金宝老人2004年回忆，在首届“西博会”期间，张祖盈还在旗下（现“解百”地块）又开设了两个店面的张小泉近记分号，又名国货陈列馆，生意十分红火，直到1938年杭州被日军占领，陈列馆改为日本商人开设的白木公司。

据民国36年（1947年）11月《浙江经济年鉴》刊载，张祖盈在改组后的杭州商业剪刀同业公会中，任负责人，下辖三十一个商号，会员数为一百二十二人，会所设在华光巷河下4号。

1938年日军侵占杭州，剪刀店被迫停业，张祖盈去上海避难。抗战胜利后，张祖盈返杭重新经营剪刀店，产品一时供不应求，但好景不长，因国民党政府发行“金元券”不断贬值，不到两年就亏了五万把剪刀，不得不宣告停业。

1945年，张祖盈拜名老中医学习针灸，颇有建树，平时免费为人治病除痛，一直持续到去世前。

1949年1月，张祖盈将张小泉近记全部产业以十九根金条顶租给许子耕。但复业不到四个月资金亏蚀殆尽，张小泉近记又陷入绝境。

1949年11月1日，杭州市工商业联合会筹备会在中山中路正式成立，张祖盈作为张小泉近记老板，是商会筹委会的五十二名成员之一。杭州解放后随着社会日趋安定，张小泉近记生产经营稍有好转，特别是人民政府给予低息贷款、供应原材料等各种帮助，使张小泉近记恢复了生产。1956年12月，在工商业社会主义改造高潮中，张小泉近记参加公私合营，并以其主体，成立了张小泉近记总店。此后张祖盈因年龄原因慢慢淡出剪刀业，直到1978年病逝。

二、张小泉剪刀锻制技艺的主要传承人

施金水

个人简历：

1947年　郭立金剪刀作坊　学徒

1950年　秦炳生剪刀作坊　工人

1954年　杭州制剪生产合作社　工人

1957年　进入杭州张小泉剪刀厂　工人、管理人员

1983年　退休

传承谱系：

1947年拜郭立金剪刀作坊业主郭立金为师，其师太公为王小福；1983年至1995年先后在余杭、诸暨分厂任技术员，传艺带徒二十余人。

个人技艺传承历史与现状：

1983年至1985年先后在杭州张小泉剪刀厂下属的两个分厂任技术员，指导期间共带徒传艺二十余人，对剪刀锻制技艺的传承和发扬起到了积极的促进作用。退休后，经常回厂传授宣传锻制技艺。

技艺特征：

作为手工锻制钳手，能全面掌握锻制剪刀的七十二道工序，擅长锻打1—5号普通民用剪，款式有圆头1—5号、长头1—5号剪刀等，产品规格统一，头样笋装式，壶瓶酒坛式。

个人成就：

先后任车间副主任、主任兼党支部书记

余杭红丰分厂副厂长

杭州市先进生产（工作）者

主要代表作品及作品展览、演示、收藏、交流、出版和获奖情况：

1959年，1—5号锻制民用剪被中国历史博物馆收藏；

1965年以来锻制民用剪连续五次获全国剪刀质量评比第一名；

1979年荣获国家优质产品银质奖；

2002年至2007年先后向新加坡、韩国、日本、中国中央电视台等十余家中外电视台演示张小泉剪刀锻制技艺。

自述：世上三般苦，打铁、撑船、磨豆腐。父母亲万不会让儿女们从事三样苦职业的。我1933年生于萧山衙前农村，有四个兄妹，我排行老二，十三岁开始打短工干农活。为了养活一大家子人，1947年正月里，我父亲托近邻、在杭州做剪刀钳手的郭立新师傅，由他介绍到其堂阿哥，在杭州河坊街扇子巷1号开的剪刀作坊，拜郭立金为师。我的师太公王小福则在鼓楼正东楼五福弄开了两只炉灶，一只打中式剪，一只打西式剪，当时扇子巷1号共有四家剪刀作坊，我与其中的一家施阿伟老板特别有缘。在学徒期间，我始终牢记母亲的话“男伢儿学好技术才有饭吃”，平时我吃住都在店里，是个闲不住的人，学徒、“三肩”、下手的活仅一年的时间我就学会了，平时我还抽空到施阿伟师傅那里学钳手。那时剪刀作坊的老板大部分都是雇用三四个人，自己掌钳锻制剪刀，自己联系出售剪刀坯子。师傅看我出头、里头的生活做得还不错，便让我正式做了钳手。1949年5月，师傅炉灶停了，我回到萧山种田。1950年初，师傅先后介绍我到朱世瑞、王传兴剪刀作坊当钳手，下半年我又到六部桥直街秦炳生剪刀作坊当钳手，做了近三年。我锻制的剪刀以大瓜子为主，其他还有狭头、长头、3号剪等，当时老板给我五斗米一个月（按当时米价折现金）。1954年个体剪刀作坊组织起来，走合作化道路，我的老板不肯去，于是我一个人来到海月桥大资福庙13号，加入杭州市制剪生产合作社再做钳手。

徐祖兴

个人简历：

1944年至1949年　丁德有剪刀作坊　学徒

1949年至1952年　何春耀剪刀作坊　工人

1953年至1957年　杭州制剪生产合作社　工人

1957年至1991年　杭州张小泉剪刀厂　工人、管理人员

1991年　退休

传承谱系：

1944年拜丁德有剪刀作坊业主丁德有为师，从事剪刀手工锻制。

1947年在杨阿荣剪刀作坊当钳下手。

1958年收陈静斋为徒，传授剪刀锻制技术。

1968年收姚孝英为徒传授剪刀磨削技术。

目前健在的有师兄周奎兴，师弟陈阿毛、冯正兴。

个人技艺传承历史与现状：

1959年应北京王麻子剪刀厂的邀请，传授剪刀锻制技艺。《人民日报》为此发过图片新闻。

1968年任剪坯车间工艺小组负责人，研制开发了军用剪、服装剪等锻制产品。

1977年任工农剪车间负责人。

1984年调任剪刀厂门市部负责人。

技艺特征：

作为手工锻制钳手，能够把一块铁制作成一把剪刀，全面掌握剪刀锻制的七十二道工序，主要从事1号、2号民用剪的锻制。产品具有十大特征：镶钢均匀、钢铁分明、磨工精细、销钉牢固、式样精巧、凿花新颖、经久耐用、刃口锋利、开合和顺、物美价廉。

个人成就：

1959年，剪坯车间22号炉灶因产量高、质量好被省政府授予省级先进集体称号，作为炉长出席了在北京召开的全国交通、运输、基建、财贸系统先进生产（工作）者群英会，受到党和国家领导人接见。

主要代表作品及作品展览、演示、收藏、交流、出版和获奖情况：

1963年，锻制1—5号民用剪在刘少奇主席出访印度尼西亚等五国时，被作为国礼送给五国元首；

1965年以来锻制民用剪连续五次获全国剪刀质量评比第一名；

1979年荣获国家优质产品银质奖。

自述：我是1944年十三岁开始做学徒的，师傅叫丁德有，从做学徒到成为钳手花了八年工夫。当年剪刀师傅的分工和等级分别是学徒、“三肩”：主要是捧拔锤，配合上手打下脚、冲剪刀、镶钢。死下手：开始打钢、打下脚、扇炉灶，粗磨里口和外口。活下手：出头时捧拔锤，配合钳手出头、理头、磨剪刀。钳下手：师傅不在时可以出头、理头，学着装壶瓶、细磨里口和外口。钳手：负责出头、理头、拷剪刀、淬火，把好内在质量关和剪刀外形质量关。内在质量，剪刀刃口钢铁均匀，外口一线钢，口背四成铁，里头六成钢，防止缩钢头、纯钢头、骑马口铁、跷钢、夹灰、钢不到根、断钢、磁钢等病疵。钳手还必须会淬火，那时淬火是纯手工活，用一只木盆，内盛清水，剪刀烧成杨梅红时从炉子内取出，淬火时让剪刀背先下水，顺势在清水里划一圈，使剪刀刃口有一定的硬度，一般要求50℃至60℃之间。淬火时要控制水温，当手伸到水里感到发烫时就必须重新换水，以防硬度降低。

1959年，剪坯车间22号炉灶，因产量高、质量好，被省政府授予

施金水、徐祖兴两位传承人在首届非物质文化遗产传承人授牌仪式上

省级先进集体称号，我是该炉灶的钳手，下手是钱金发，"三肩"是徐兴友。同年11月，我出席了在北京召开的全国交通、运输、基建、财贸系统先进生产（工作）者群英会，受到了刘少奇、朱德、周恩来等党和国家领导人的亲切接见并合影留念。

范昆渊

自述：我1932年生于杭州，家住丁衙巷，是杭城有名的剪刀作坊一条巷。有兄妹七个，靠父亲一人在"冠酱园"做阿大（现称经理，上有老板）。1945年我才十四岁，小学还未毕业，母亲领着我到邻居朱世瑞剪刀作坊，当时家里穷，连香烛都买不起，在师傅面前跪在地上磕了三个响头，师傅把我扶了起来，就算拜过师了。俗话说"人到作坊，驴进磨坊"，我在当学徒时，每天早上两三点钟起床，直到晚上九点后才能睡觉。吃、睡全部在作坊，每天从事敲黄泥、冲外口、敲煤块、拖石头等累活。那年冬天晚上八点左右，父亲从店里回来，见我在作坊屋檐下拖石头，人冻得瑟瑟发抖，心疼极了，回家怪母亲为什么叫昆渊学介苦的活。

那时剪刀业有句行话："教会徒弟，饿煞师傅。"我在瑞记作坊时，"三肩"、死下手、活下手、钳下手的技术主要是师兄何阿根代师传技，后来师兄出去后自己开了剪刀作坊。1947年，师傅在东坡路上开了张小泉瑞记剪刀店，又在弼教坊租了房子，作为剪刀作坊，他主要负责门店生意，实在忙不过来，于是才把剪刀出头、理头的技术全部传授给我，使我成为真正的钳手。1949年时，杭州很乱，师傅的炉灶停了，我失业了。那时剪刀业有个行规：学徒满师后，师傅不介绍，别的炉灶不敢用你，除非你摆两桌半酒；一旦师傅出面介绍，不用办酒，但有个规定，就是三年之内工钱归师傅。因家里穷，无钱办满师酒，只能偷偷地去菜市桥的一家剪刀作坊做。两个月后师傅来作坊交涉，限于行规，我只好不做。后来我又到严官巷的一家剪刀作坊做了一个月，当时剪刀同业公会主任杜润水到了作坊，拿起锤子打碎了炉灶，说“叫你师傅来东升”。东升是茶楼，当时剪刀业出现纠纷，都在此解决。于是我第二次失业了。

1950年，大师兄何阿根叫我到他那里去做，他托了当时制剪业颇有名气的“九头雀儿”找我师傅师母：“你们到底想不想让范昆渊活了？”师傅碍于面子终于松了口，于是我在师兄的作坊当钳手。

1951年初，杭城八十多只炉灶组织了起来成立工会，我任工会主席。1954年在手工业社会主义改造中成立了杭州第三制剪生产合作社，我任理事会主任。1955年杭州五家制剪社合并集中到海月桥大资福庙生产，我任张小泉制剪生产合作社理事会主任。1956年上半年，我作为杭州张小泉制剪生产合作社的代表，应邀参加了在北京召开的全国手工业社会主义改造座谈会，会后受到了刘少奇、朱德、周恩来的接见。1957年筹建杭州张小泉剪刀厂，我任筹建处主任。1957年12月16日至26日，我作为张小泉制剪生产合作社的代表参加了在北京召开的全国手工业合作总社社员代表大会，受到朱德接见。1958年初，我任杭州张小泉合作工厂厂长。1958年8月1日任国营杭州张小泉剪刀厂副厂长，一直到1970年才调离剪刀厂。

汤长富

自述：1931年生，十三岁时跟父亲汤锡林学艺，当时父亲在现拱墅区茶亭庙22号开了一家张小泉锡记剪刀店，前店后作坊。我们店的位置紧靠卖鱼桥轮船码头，每逢春季大批香客进杭城烧香，因此门店剪刀也有一定的销量。平时我们制作剪坯，大部分卖给张小泉近记剪刀店，近记在收购剪坯时，对质量过硬的炉灶才发放金折儿，金折儿可折叠，上面注明收购剪刀的数量，下为付款的金额，收购价比其他商号高出两三成，以平布剪刀一百把为例，其他商号是三十元，而近记为三十三元。近记有两种付款方式：一是直接支付现洋；二是发放钱庄软支票，支票是直格式，盖有近记店章和老板张祖盈的私章，凭此票我们可以到铁行、米行和煤行购物，可见近记信誉之高。

汤长富

当时我家的一只炉灶，一般每天打一百把剪刀，如一批剪刀卖出，钱款到手后，马上去买材料，买到能做二百四十把的材料，用两天时间打制成剪坯，等料出（把其余工序做完）后平均算下来，一只炉灶可生产八十把平布剪刀，小剪刀则还要多一些。

俞金富

自述：我出生于1925年，十一岁那年离开绍兴，拜丁衙巷的魏阿泉为师。当时年幼，前三年主要是帮师娘抱小孩管小孩、烧水烧饭，十四岁时开始正式当学徒。后来因生意不好，炉灶停了，师傅介绍我到同条巷的丁德有剪刀作坊当下手。1946年，我办了两桌半酒（其中半桌是专门给师母吃的，以感谢她多年的关心），师傅请了业内的老师傅，说："这是我的徒儿，如今已经出师，希望各位多多关照。"这就意味着我已出师门，既可以个人的名义到其他剪刀作坊做，又可以自立门户开剪刀作坊。1947年，我在彩霞岭开了以自己名字命名的剪刀作坊，当时开作坊也有行规，新开炉灶要给行头二百个平小（2号）剪刀坯子，一方面表示你能打好剪坯子，另一方面也是给行头的见面礼。20世纪40至50年代，行头是杜润水，经行头认可，可以给发票簿，属正规经营，年终按营业额缴所得税。

俞金富

当时的产销过程是：炉灶生产剪坯，售予剪刀商号，如我的剪坯就全部卖给近记和双井记，由商号再交白工精磨，装配，然后制成成品出售。

我当年开炉灶的主要工具有和材料：墩头、墩脚、冷作墩头、搭炉灶、灶缸、炉面石、烟囱、炉栅、两个砖头（前后两块搁板石）、手锤、拔锤、出头钳、壶瓶钳、金钳、下脚金钳、开槽凿子、锉凳（冲剪刀用）、锉剪凳、冲剪刀的锉刀、锉剪刀的锉刀、磨刀石（一硬一软两块）、泥石（一硬一软两块）、磨盆（磨剪刀架）、夹钳（钳石头）、煤缸、风箱、灰耙、炉钎、炭、煤、引火柴、铁锅、砖头、黄泥、冲眼凿子、漏盘、刻头刻下脚凿子，灶缸高60厘米左右，炉栅七八根。

张忠尧

自述：1949年4月，我虚岁十六。我婶婶的兄弟俞阿六在丁衙巷14号刚刚开了炉灶，需要招学徒，婶婶介绍我去做学徒，父亲买了一对蜡烛，我拜俞阿六为师傅，按规定学徒三年期间，师傅只管徒儿吃饭，不发工资的。1952年，合作化时我做“三肩”。到了1958年初，我做了钳下手。张小泉合作工厂旁有很多池塘，有一次谭章水去摸鱼，一摸摸出了一些次品剪刀。厂里当时规定次品控制在2%，超出部分由个人赔偿。当

张忠尧

时手工锻打剪刀，每个钳手打的剪刀样式各有特点，于是厂里请了几位老师傅经共同确认是某钳手做的，他马上被撤销了钳手岗位。为了填补岗位，厂里从当时不多的几个钳下手中选拔。平时我很好学，每天乘中午休息时自己学着敲剪刀缝道，师傅看我要学，他也乐得轻松一点，所以常常加以指点，这样我就基本掌握了钳手必须具有的各项技能。当时选拔钳手现场考试的内容有：出头、理头、拷缝道及剪刀外观式样，由杨阿茶、沈水林二位技师对参选者锻制的剪刀进行综合测评，经两人一致认可，我正式出任钳手。1959年，厂里技术革新开始了。我参与技术革新，成功地试制出跳板锤头，再后来发展弹簧锤，我就做了弹簧锤的钳手。

三、张小泉剪刀发展中的知名人物

在张小泉剪刀博物馆内展出有张小泉剪刀厂的四位知名人物，他们都是在新中国成立后工艺改进中起到突出作用的人，他们为张小泉作出的贡献绝对不下于锻制技艺的传承人。

沈水林

沈水林（1908—1979），原张小泉剪刀厂质量管理员，剪刀技师。在解放前自设炉灶当钳手。从制坯到装配的各工序都能胜任，他生产的小花式剪刀颇具特色：规格统一，式样美观，特别是剪刀缝道拷得好，不会走样。他在长期的实践中积累了丰富的经验，担任厂质量管理员后，深入车间，实地指导，积极主动传、帮、带，对提高产品质量作出了重要贡献。

乌振元

乌振元（1914—1993），原机修车间机械技师。自进入张小泉制剪合作社，先后主持参与一系列的剪刀生产机械化设备的开发和制造，如第一台跳板锤，第一台弹簧锤，第一台砂轮机等，在全面推广机械化中作出了特殊的贡献，使张小泉传统的制剪工序由七十二道减少到二十四道，提高工效十二倍。

马小毛

马小毛（1923—1997），原制坯工人，生产技能全面，是一根铁能做成一把剪刀的师傅，擅长制作蟹剪、纬剪等剪刀。他制作的裁衣剪刀在杭州服装行业很有名望。他悟性好，仿制能力高超，对工业、农业以及消费者急需的异型剪刀，都能根据客户提供的草图制作出合适的剪刀，对增加剪刀花色品种作出了重要贡献。

邱宝安（1939— ），原刻花技师，技能高超，他刻制的剪刀点子光亮匀称，书法精美，图案线条流畅，飞禽走兽栩栩如生。他还自行设计刻花图案样本，创作和收集花卉、鸟类、西湖风景等各种图案一百余只。他热心传授刻花技艺，先后传授带徒五十余人，对提高剪刀外观和档次作出了重要贡献。

邱宝安

[贰]钳手访谈

张小泉手工锻制钳手是指一根铁能够锻制一把剪刀的老工人，他们都是经过拜师学艺，得到了师傅口传身教。一个钳手一般都经历了学徒、“三肩”、死下手、活下手、钳下手五个学艺过程，剪刀行业誉这些师傅为“三拷”出身。1957年是剪刀手工锻制的鼎盛时期，企业有七十多个炉灶，上百名钳手。1959年弹簧锤上马后，这些手工锻制钳手大部分转到弹簧锤。随着岁月的流逝，如今手工锻制钳手尚健在还有四十六人，年纪最大的已达八十六岁，最小的也已七十四岁，张小泉剪刀手工锻制技艺正濒临失传。

2006年11月至12月，公司“非物质文化遗产保护小组”成员赵永久、童亮、张美娇三人，利用近一个月的时间，先后走访了近四十名钳手，约请了范昆渊、施金水、陈荣堂、王马安、倪长荣、沈连法、宋金林、王桂生、吴少华、李关子、郭柏林、李性高、钱海昌、徐祖兴、秦金木、吴宝德、吴财荣、钱时新、杜金泉、阮寿生、殷善垒、徐宝荣、姜求顺、张忠尧、余金富、金顺天、汤长富、陈锦铨、俞义盛、孟金连等三十名钳手回公司就锻制技艺工序、剪刀行规、剪刀专业术语等进行采访，现将整理后的内容附后。

盘炉灶及材料

钳手秦金木：炉灶归下手盘（搭建），因为烧剪刀坯子的活是下手干的，如果炉灶盘得火头一边旺一边弱，温度一边高一边低，烧出来的坯子火旺的地方容易烧烊，火弱的地方坯子还未烧红，二者都不能打出好的剪刀。

盘炉灶时先取一只缸在正面、边沿凿两个洞，正面是出灰口，旁边是进风口，洞凿好后，在缸上面砌上砖头，搭出一只炉灶的样子，搭炉灶所需材料黄泥、砖石，搭烟囱的铁皮、风箱、连接管子、炉栅铁条。

一只好的炉灶必须窝风，使风箱送进炉灶的风均匀地吹向炉膛，从而使剪坯整体受热均匀。

扇炉灶的方法

钳手王桂生：下手扇炉灶要熟练掌握火候，加煤要分三层，炉口面前是红煤、中间是干煤、最后是湿煤，坯子进炉排列两边，每边三个，还必须做到“四要三不交”，即：炉膛要打好，钢坯要朝上，炉火要看准，风力要均匀；坯子夹生不交，发火不匀不交，坯子过火烧烊不交。

王桂生

制坯的要诀

钳手李性高：钳手在锻打时，必须掌握“二先二后，六个不打”，即：先看铁、后打铁，先轻打、后重打；坯子烧烊不打，不熟不打，不匀不打，不收火不打，垃圾未甩清不打，墩头不稳不打。

制坯的材料规定

姜求顺

钳手姜求顺：那时在老板手里做生活，对所用材料的分量是扣得很紧的，如打三百把平布剪刀，用铁一百斤，平小剪刀七十五斤，半小剪刀五十斤，大瓜子三十斤；打一百

吴宝德

把大剪刀用煤三瓮，打小剪刀用一瓮。

钳口要活络

钳手吴宝德：钳手技术好不好就看你钳剪刀这只手活络不活络，钳手不活络，做起生活吃力煞，捧拔锤的下手把榔头敲下举起，第二记马上又要敲落来了，要是你钳手动作慢半拍，剪坯位置放不好，小锤子点打不到位，拔锤要敲，敲不落来是打不好剪刀的。

冷排墩头有讲究

钳手孟金连：在冷排时，墩头上磨个凹势，剪刀背部位置略低于口子，眼位位置用榔头敲一下，使剪刀口子略高于背部，高出部分叫鹅毛从线，榔头从剪刀口子排出去，背部回转来，整把剪刀平直，头爿里口尾部拷平，尾部悬空。单爿剪刀只看见口线，看不到背线，两爿剪刀合拢齐生缝道，冷排排得好，剪刀平直起缝装配时容易剪切轻松、柔糯。剪刀排不好，会产生扭缝、塌缝、倒挂缝、脱节缝等，造成剪刀剪切时夹口、剪不落等病疵。

一只炉灶由几个人做

郭柏林、吴财荣：在正常情况下，一只炉灶打小剪刀是三到四个人，打大剪刀最多有五六个人，具体分工为：学徒、“三肩”、死下手、活下手、钳下手、钳手。

活下手

吴财荣：活下手是指一旦钳手不在，活下手可以动手打剪刀，俗称“出头”。一把剪刀质量好坏，钳手负有主要责任，一把看看不起眼的剪刀头，稍不留心就会产生许多意想不到的毛病：骑马口铁、跷钢、夹灰、缩钢头、纯钢头、钢不到根、断钢、磁钢等等毛病。

郭柏林

打出好剪刀

郭柏林：剪刀行业有句话叫：好钢好煤打好剪。好钢，现在钢铁工业发达，容易得到，那个时候取好钢很不容易，辨别钢好坏又没有分析仪器，只能靠经验：用锤子敲，听声音；用手扳起来、放开，看其弹回去劲道足不足；把一头打扁放在火里烧一下，用锤子敲断看钢的颜色，辨好坏。好钢才用在刀刃上。

三郎、五虎、平布

郭柏林：这些名称现在叫1号剪、2号剪、阔头剪，在清朝时，名称叫平面各作剪、朱漆平面剪、空面各作剪。还有平布、平小、半小各种叫法，你问人家还真当有些说不出来，你今天问我算问对人了。先说平布剪的叫法，我老早蛮喜欢听大书，大书里专门说到一回叫五虎平南，听书听出味道来了，心里头就产生这样一种念头，“平”这个字有征服、打败敌人的意思，非常好，在南面的战争胜利了可以叫平南，那么我们这把剪布的大剪刀是不是就可以叫平布，剪刀也有一种征服布料的意思，我就有意识地把1号剪叫平布剪刀，不料叫起来顺口，一段时间后就在杭州剪刀行业流行起来，现在的1号剪叫平布，而现在用的2号剪比1号剪小一些，就叫平小。现在的3号剪相当于1号剪的一半，所以叫半小，而大瓜子、中瓜子、小瓜子、小小瓜子是指4号剪、5号剪、6号剪、7号剪，是指这些小剪刀做工细巧，样子像一粒瓜子，这样叫出来的。

五虎剪的造型与日常民用剪不一样，日常民用剪的剪背是流线型，没有突出的部分，而五虎剪的剪背中部往外突出，看上去就给人一种威风凛凛的感觉，这种阔头剪就叫成五虎剪，而三郎剪当时我也不知是什么道理，我的理解应该叫三虎，就是在剪刀头外部上面五分之三的地方突起，平时就叫三虎，而在剪刀头外部下面五分之三的地方突起，叫下三虎。至于三郎是怎么叫出来的，我说不出是什么典故。据我了解，三郎剪的剪刀背是木梳式，还有一种比喻叫鲫鱼背式。

锻打多少道工序

李性高、金顺天：打剪刀确实有好几十道工序。原来做的时光，一道道做下去，是蛮蛮顺手的，要是有只炉灶一边做一边说，那就一道工序也不会漏掉了。打剪刀么先要试钢，接落来要凿铁，铁凿好就要拔坯，拔到差不多的时光就凿断，有一点点连在一起，折起来，敲一榔头，不敲这一榔头，铁坯是圆的，凿槽就会很困难，接落来打钢、凿断、嵌钢，嵌好钢烧红出头，刻掉纯钢头，再打壶瓶，壶瓶打好蹬里口尾部，接落来圆壶瓶，再装壶瓶、理头、改里口、锉里口尾部。哦，改里口之前还要先挖里口尾部，轮壶瓶，口坐直，排平（冷排），再接落来打下脚、凿眼、复眼、敲缝道，缝道拷出再配剪刀，剪刀配好刻下脚，再拿去冲外口、锉剪刀、刻记认、磨里口、磨外口、光抄、再淬火、整理（石头磨里口、石头磨外口、泥砖磨里口、泥砖磨外口、泡澡、上油、验货），合格的就捆起

李性高

来，剪坯过程大致就是这些，有些过程可能前后顺序有出入，已经好多年不做了。

阮寿生

盘炉灶

阮寿生：先把缸的正面边沿凿两个洞，正面的是出灰口，旁边的是进风口，洞凿好后，在缸里砌上砖头，搭出一只炉灶的样子，前面放一块面板，后面也放一块面板，叫前后码头，作用是可以放剪刀坯子、钳子，放一只盛水的盘子，利用炉火余热，使盘子里水达到比较高的温度，可以在剪刀磨好后泡澡时派用场。

盘炉灶材料

钱时新：盘炉灶的材料么是简单的，一只缸、一堆砖头、一堆泥，这种泥最好是用酒坛上的封口黄泥，要是没有黄泥，池塘边的菜地里的泥也好用的，关键是要捣得韧，要韧到什么程度，就是要捣得来连称钩儿都钩得牢，烂泥怎么钩得牢呢，这也是一种比方，就是要求捣得透，炉灶烧起来不容易破裂，窝风。炉栅铁条一批，炉灶前后两块码头石，搭烟囱的铁皮等材料，还有风箱、连接管子。

燕子窝

阮寿生：这里说的燕子窝也是用泥搭出来的，在炉膛下面，它的作用是能使风箱里鼓进炉灶的风能更均匀地吹向炉膛，燕子窝搭得好也是蛮有讲究的。

炉栅铁条

阮寿生：炉栅铁条是竖放的，根据所打剪刀的大小，炉栅有疏、有密，就是要保证剪坯掉不下去，一般用七根、九根。

拖石头、泥砖

吴财荣：石头、泥砖开始用时，要求磨剪刀这一面是平整的。当你一天用下来后，磨过的地方凹下去了。当一批剪刀磨好后，就必须把凹下去的石头、泥砖重新磨平，行话就叫拖平，有些凹得深的石头可以用凿子凿掉一点再拖，就稍微省力一点，但要很小心很当心。一个不当心，整块石头就会豁裂，师傅看到是不准用凿子的，必须一点一点拖平。所以

吴财荣

老底子打剪刀的地方，地上铺的石板常常有一条条的槽，这些槽就是拖石头、泥砖拖出来的，一个地方拖出一条槽，就要换一个地方再拖。拖石头、泥砖是归学徒做的生活，有的学徒学得快，有的学得慢，但在师傅的严格要求之下，还是都能学会拖石头、泥砖这项技术的。

下脚儿、老鼠尾巴、八角

姜求顺：先把下脚儿烧红，放在墩头上打，本来蛮短的一段铁，慢慢地就被拉长了，而且是越来越细，就同你说的像老鼠尾巴。在接近壶瓶的地方，先打成方形，方形只有四只角，然后再在墩头上放成四十五度角，一锤敲落去就变成六只角，再转九十度，另外一对角再敲落去就变成八只角了，打剪刀壶瓶一定要粗壮，打成像老酒坛一样的样子，配上八只角的下脚，看上去就很相配。早年钳手师傅说八只角的下脚看上去给人八面威风的感觉，用今天的话来说就是壶瓶跟下脚相配，看上去顺眼。

一把剪刀赚多少钱

姜求顺：打一百把平布剪刀三十元，打一百把平小剪刀二十三元，除了买原辅材料、工资等开销，每一把剪刀有三分六厘钱利润。学徒没有工资，吃着老板的，一直要到三年满师以后才有工钱，所以，老板蛮喜欢叫学徒多学一点，你早点学好技术，能打剪刀最好，反正这三年里规定没有工钱的，有的剪刀师傅自己要学，哪怕没有工钱，自己很专心，明明晓得为老板白做，但学来的技术是自己的，任何人都偷不去。

一天能打多少剪刀

李关子：一只炉灶一般每天打一百多把，没有一定数的，比如一批剪刀卖出，钱款到手，马上去买材料，能够买到做二百四十把剪刀的材料，用两天时间打好，平均一天打一百二十把，第三天料出（把剩余工序完成）后平均算下来，一只炉灶一天可生产八十把剪刀，这是指平布剪刀，小剪刀还能多一点。

盘炉灶所需工具

姜求顺：要墩头、墩脚、冷作墩头、搭炉灶、灶缸、炉面石、烟囱、炉栅、两块砖头（前后两块搁板石）、手锤、拔锤、出头钳、壶瓶钳、金钳、下脚金钳、开槽凿子、锉凳（冲剪刀用）、锉剪凳、冲剪刀的锉刀、锉剪刀的锉刀、磨刀石（一硬一软两块）、泥石（一硬一软两块）、磨盆（磨剪刀架）、夹钳（钳石头）、煤缸、风箱、灰耙、炉钎、炭、煤、引火柴、铁

李关子

锅、砖头、黄泥、冲眼凿子、漏盘、刻头刻下脚凿子。

缸高六十厘米左右，炉栅七到八根，大剪刀粗一点，小剪刀细一点。煤，打一百把大剪刀要用三瓮，打小剪刀要用一瓮。

第一批军用剪

吴宝德：做过的，这件事情我们晓得的，大小相当于1号剪。刀口钢用的是钨钢，是特别烧上去的，战场上剪铁丝网，手柄是用木头做的，防止触电。据我晓得当时做了一千把。另外，那个时候伞兵刀也做过。

钳手“跳槽”的规定

吴宝德：那个时候杭州制剪业有这么个规定，哪怕你技术学好满师，师傅不介绍，别的炉灶不敢用你，除非你摆十桌酒；一旦师傅出面介绍，不用办酒，但有一个规定，就是三年之内工钱归师傅，当时杭州剪刀业都严格执行这条规定，没有人敢违反。

张小泉近记炉灶收购剪坯

吴宝德：“张小泉”向各个生产质量最好的炉灶收购剪坯，凡是他看中的炉灶，都有一张折子，相当于今天银行卡那么大，收了多少剪坯加盖一个印记，没有折子的炉灶生产的剪坯，近记是不收的，近记收购一百把2号剪为三十三元，比其他店高三元，而且付现款。当时数孟金根做得最好，杨义发的剪坯也很不错，朱森林的小剪坯，沈水林、吴水根的剪坯，夏金林的徒弟、我的二师兄杨阿明的女裁，都是直供张小泉近记的名牌剪坯。

炉灶分工

吴少华：没什么明确的规定，早先两个人打剪刀、这么多生活都要靠两个人来完成，后来人多了，就有一定程度的分工，比如学徒年纪小，开始只管管门、扫扫地、搞卫生、收拾收拾，大一点以后，学拖石头，把磨剪刀磨得凹下去的剪刀石磨平。“三肩”主要捧拔锤，配合上手打下脚，冲剪刀、镶钢。再升一档成为死下手，开始打钢、打下脚、扇炉灶、粗磨里口和外口。技术再熟练后升格为活下手，出头时捧拔锤，配合钳手出头、理头、磨剪刀，熟练后再升一档成为钳下手，师傅不在时可以由他出头、理头，学着装壶瓶、细磨里口和外口。钳手负责出头、理头、淬火、拷剪刀。

淬火的特点

吴少华：淬火一定要看火候，剪刀头爿烧到杨梅红，一爿一爿淬火，淬火是一门很讲究技术的活儿。

弹簧榔头的由来

吴少华：弹簧榔头前面是跳板榔头，跳板榔头前面还试用过皮带榔头。皮带榔头就是用马达带动皮带，皮带再带动凸轮，拉动铁锤一上一下，打剪刀下脚，有点像农村里利用流水的力量舂米差不多。由于铁锤下落没有固定的线路，所以效果不是很好，后来在皮带榔头的基础上又研制成功跳板榔头，但使用时也不是很稳定，而且用钢板很容易断裂，关键是在铁锤下落时没有办法固定。落点难以控制，后来弹簧锤上下有轨道，用起来就很顺手了。开始打剪刀下脚，取得成功。大家认为下脚好打，出头、理头也应该可以的。经过摸索，终于用弹簧锤代替了手工打剪刀，省力气。同时能保证剪刀的质量，迅速在全厂推广，直到今天还在用。

剪刀业的行话

杜金泉：剪刀师傅行话蛮多的，如“后面扑扑叫，前面结镬焦”。形容剪刀工人冬天做生活的艰苦，背后衣服被西北风吹得扑扑响，很冷很冷，前胸在炉膛火烘烤下就像饭锅底烧焦结成锅巴。还有一句叫“猪毛羊毛杨阿明，瓜子花剪朱森林”，指在杭城打剪刀，猪毛剪、羊毛剪技术最好的是杨阿明，做瓜子剪刀（指4号、5号、6号小剪刀）及花式剪刀技术最好的是朱森林。

钳手满师的规定

余金富：剪刀师傅从学徒到钳手技术都学好，可以满师，但必须办两桌半酒水，两桌酒邀请杭城剪刀业有名的人物，师傅在宴席上向各位介绍：这是我的徒儿，如今已学好技术可以出师了，希望各位多多关照。其实这是给钳手一个名分，可以去他想去的炉灶干活了，半桌是专门给师父娘（师母）吃的，以感谢她多年的关怀。

新开炉灶的讲究

余金富：杭州做剪刀新开炉灶要给行头二百个平小（2号）剪刀

坯子，一方面表示你能打这么好的剪刀坯子，同时也是给行头的见面礼，当时的行头是指同业公会的头。20世纪40年代末、50年代初，行头是杜润水。同业公会认可了，可以给这只炉灶发票簿，属于正规经营，年终按营业额缴纳所得税。

弹簧榔头的诞生

退休工人姚志芳：弹簧锤是在50年代末、60年代初制造出来的。剪刀师傅用机械化生产，弹簧榔头不是第一台机器，做剪刀最早的机器是砂轮机。1956年那个时光在海月桥，就已经发明了砂轮机冲剪刀外口，后来搬到这里，做剪刀打下脚很辛苦，捧拔锤的脚下汗水成水汪凼。同时为了响应政府号召，开动脑筋，土法上马，1958、1959年时开始研制打下脚的跳板榔头，组建的机修车间负责人是殷善垒，后来是郭仁棠，从制钉厂请来乌振元技师、沈林章、乌龙华、我、姚富生、俞根发、施宝奎等人，敢想敢做，一没有图纸、二没有现成经验，全凭大家动脑筋，日想夜想，试制跳板榔头，虽然不是很稳，但打下脚还是比手工好。

20世纪60年代初在跳板榔头的基础上研制成功弹簧榔头，底座是用角钢烧结起来的，使用时也不是非常平稳。这时，省手工业联社主任李茂生派省轻工机械厂一名技师来我厂，帮助攻关，花了一个多月时间，主要解决了弹簧榔头下盘不稳的问题，把用角钢烧结的底座改为生铁浇铸，使弹簧榔头稳定。

剪刀模具下模开槽使剪刀锻打成型，有一个比较统一的尺寸，这种办法是黄渭川首先想出来的。

学徒到钳手要几年

姚志芳："三拷"出身的剪刀师傅有一句话，叫"三年学徒，四年半作"，六七年时间才学完全部打剪刀的技术。但也有例外情况，陆阿四学了不到一年，主要是机遇好，他的师傅王子潮看中他，要招他做女婿，一上手，就尽心把自己的技术都教给他，不到一年时间，陆阿四就能独当一面，王子潮自己只管拷剪刀，其他的事情都交给陆阿四打理。

剪刀电镀工序

退休工人庄建祖、李厚诚、周文伟详细列出了电镀镀缸生产流程图表。

除油——→清洗——→浓盐酸除锈——→清洗——→浸弱碱——→上挂——→清洗——→镀三元合金铜——→清洗——→下挂——→烫干——→软布抛光——→除油——→上挂——→镀紫铜——→清洗——→酸洗——→清洗——→镀镍——→清洗——→下挂——→软布抛光——→清洗——→上挂——→镀铬——→清洗——→下挂——→烫干——→检验。

根据三位师傅所提供的资料，重新整理剪刀电镀工序如下：37. 拷下脚；38. 锉毛坯头爿（60号金刚砂）；39. 锉下脚（横丝）（60号金刚砂）；40. 绕壶瓶（60号金刚砂）；41. 锉下脚（直丝）（120号金刚砂)；42. 挨头爿(120号金刚砂)；43. 挨下脚(150号金刚砂)；44. 绕壶瓶(150号金刚砂)；45. 合脚；46. 直缝；47. 抢头爿(150号金刚砂)；48. 串剪刀；49. 除油；50. 浓盐酸除锈；51. 镀三元合金铜；52. 软布抛光；53. 镀紫铜；54. 镀镍；55. 软布抛光；56. 镀铬；57. 检验。

修磨剪刀的常识

退休工人孟小智：剪刀用的时间长了，各种毛病都会产生，如缺口、销钉松脱、钝、剪不落、头部断裂等等。

有些剪刀必须拆销钉才磨得好，有些不需要拆销钉，只要把剪刀别过来，反背过来，放在砂轮上、泥砖上磨出来就可以了。对于拆销钉的剪刀，一般上面那只眼钳肯定要换的，因为在退出销钉时已经被敲扁了，下面那只眼钳大多数都不要换，但有些磨损得太厉害，也是要换掉的。许多年做下来，碰到的困难也不少，印象深刻的说几件你听听。早段时间，一个人手拿一把剪刀，我磨好后拷油时感觉口咬不实，有个地方凹下去，把剪刀翻过来放在墩头上用榔头轻轻搭一下，只听“啪”一声，半爿剪刀头断裂，飞出去了。我一看，是纯钢剪。是我敲断的，赔一把新的剪刀给人家。当年我刚退休磨剪刀时，还碰到过一件事：有一位顾客手拿一把剪刀说：这把是台湾剪刀，你能不能磨？我一看，说：这有啥吃不消的。接下来。磨好后一动榔头，“啪”一下，剪刀头断了，我一看，原来是浇铸的，生铁，很脆，这下那位顾客不乐意了。我说，赔你一把新的。他不肯。最后赔了他二十元钱。所以我经常说：张小泉镶钢锻打的剪刀最好，可以动榔头，使用也很锋利。

张小泉剪刀锻制技艺的保护

由于种种原因，张小泉剪刀锻制技艺濒临失传。在政府及社会各界的努力下，这一优秀工艺正得到重视，并开始了新的传承。

张小泉剪刀锻制技艺的保护

[壹]张小泉剪刀锻制技艺的保护现状

张小泉剪刀传统的锻制工序共有七十二道，其中有两项独特的制作技艺虽历经磨难，但仍被完整地传承了下来。一是镶钢锻制技艺，制剪一改以前用生铁锻制剪刀的常规，选用浙江龙泉、云和的好钢镶嵌在铁槽上，经千锤百炼，制作成剪刀刃口，从而把钢的锋利和铁的柔软很好地结合在一起，并用镇江特产、质地细腻的泥砖磨砺，使剪刀具有镶钢均匀、钢铁分明、磨工精细、销钉牢固、式样精巧、凿花新颖、经久耐用、刃口锋利、开合和顺、价廉物美等十大优点。

20世纪初，张小泉后代张祖盈受鼻烟壶银匠的启迪，在剪刀行业引进了手工凿花工艺，该工艺用凿子和锤子作为辅助工具，由凿花工在锻制的剪刀上凿字刻画。1958年该工艺经改进，利用电子振荡的原理和钨钢钻，凿花工在剪刀表面上刻上西湖山水、飞禽走兽等图案，栩栩如生、完美精巧。

随着弹簧锤的应用、冲压、注塑，纯钢工艺和新材料的广泛应用，1985年锻打剪刀年产量最高达到近一千万把。随着人民生活水平的逐步提高，消费需求变化及国外刀剪的冲击，“张小泉”锻制产品逐年下降，时至今日年销量只有一百万把。据公司2006年的调查，现在掌握纯手工，能用一根铁、一块钢锻制一把剪刀的师傅尚有四十八人，到2009年尚存四十二人，其中有两人被国务院认定为张小泉剪刀锻制技艺传承人。他们中年龄最大的已有八十八岁，最小的也有七十五岁，大多年老体弱，力不从心。张小泉剪刀锻制技艺已濒临失传。

1663年，张小泉首创了“镶钢锻打”工艺，采用镇江泥砖磨砺，制作的剪刀钢铁分明、磨工精细、锋利耐用，深受人们喜爱。早年张小泉立下了“良钢精作”的家训。1920年，张小泉后代首创了“凿花”工艺，在锻打民用剪上刻上西湖山水、飞禽走兽，栩栩如生，令消费者爱不释手。张小泉锻打民用剪不仅是张小泉的起家产品，也是张小泉牌剪刀历史最悠久的产品，现在仍保持着二百万把的年销

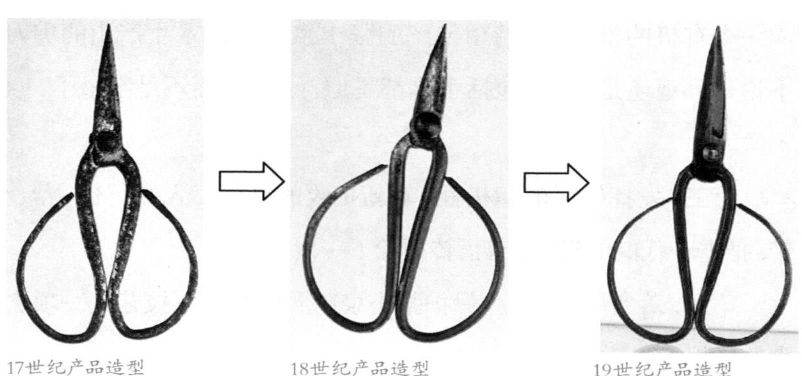

17世纪产品造型　18世纪产品造型　19世纪产品造型

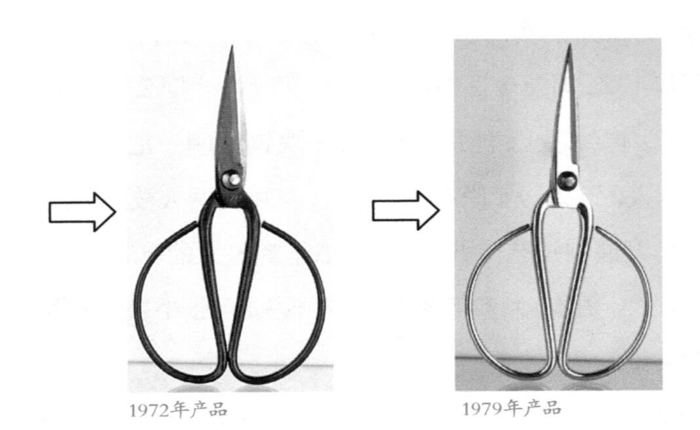

1972年产品　1979年产品

售量。

说到传承，必须具备几个条件：

首先要有人才，有一批热爱传统文化、热爱张小泉剪刀的人，愿意学习剪刀传统锻制技艺，能安心学习，钻研技术。

其次，挖掘整理出完整的七十二道工序，要做到环环相扣，形成一个有机的整体，保持用传统的张小泉锻制技术生产出的剪刀不论是外观还是质量，包括手感都是原汁原味，而不是半吊子、四不像。

第三，发挥钳手的积极性，对新招收的制剪工人进行传、帮、带，把老一代的的经验、感悟传授给下一代。

第四，落实所需资金，保护张小泉剪刀传统锻制技艺是一项宏大的工程，需有大量资金投入。

[贰]张小泉剪刀锻制技艺的传播

一种文化要获得发展，必须把文化的传承与传播有机地结合起来，随着“非物质文化遗产”这个概念带来日渐升温的社会效益和经济效益，非物质文化遗产的传承与传播问题，日益引起了社会各个阶层的重视。

大众传播媒介，凭借着先进的传媒手段和传播技术，能够跨越时间和空间的限制，对于扩大非物质文化的传承范围、延长非物质

“三星智力快车”主持人方琼在打剪刀

文化的传承时间、丰富非物质文化的传承内涵，所起的作用是人际传播所望尘莫及的。

借助媒体的宣传教育，为张小泉剪刀锻制技艺在社会成员，尤其是青少年群体中的传承提供文化土壤，使非物质文化遗产的传承在体现民族特色的同时，具有广泛的群众基础。

2006年，张小泉剪刀锻制技艺被列入国家级非物质文化遗产保护名录。三年来，杭州张小泉集团有限公司通过市场化运作，新闻事件的策划等多种形式，先后在《人民日报》、《工人日报》、《上海晨报》、《海南特区报》、《武汉晨报》、《中国商报》、《中国法制报》、《中国工商报》、《中国知识产权报》及《浙江日报》、《钱江晚报》、《杭州日报》等数十家国内主流媒体刊发各类新闻报道一百二十篇，约十五万字，稿件覆盖北京、上海、南京、山西、海南、广东、武汉等国内主要省市。从而向消费者传递一个信息，“张小泉”在全国刀剪行业中，具有独特性和唯一性。公司还通过中央电视台“谈话”、“商务时间”、“三星智力快车”、“走遍中国”及新加坡、韩国、日本、摩尔多瓦、台湾、香港等地电视台及浙江卫视、山西卫视，介绍张小泉剪刀锻制技艺，让国人和世人了解“张小泉”的历史文化。

“张小泉”还多次参加广交会、华交会及各项非物质文化遗产展览会。如2008年浙江省文化厅举办的“非物质文化遗产日”展览、中国义乌文化产品交易会、扬州世界运河名城精品博览会、杭州吴山庙会“非物质文化遗产”展等；2009年在北京举行的中国非物质文化传统技艺大展、成都国际非物质文化遗产节、“中华老字号”台北精品展。会展上，公司集中介绍了张小泉剪刀锻制技艺，获得多方好评，进一步提升企业和张小泉品牌的知名度和美誉度。

“张小泉”在三百多年发展壮大的社会实践中，留下了一批宝贵的文化遗产，作为全国刀剪行业的龙头企业，有责任和义务对刀

中国非物质文化传统技艺大展上，两位外国小朋友在参观张小泉剪刀的凿花技艺

剪事业作出应有的贡献。1993年政府投入二十余万元，企业自筹资金五十万元建成我国首家剪刀博物馆，老一辈无产阶级革命家陈云为博物馆题写馆名，开馆以来已接待中外客人逾二十万人，被命名为省、市爱国主义教育基地，杭州市旅委授予“体验杭州、感受中国”首批对外开放的旅游访问点。

张小泉剪刀锻制技艺被列为非物质文化遗产保护名录后，“张小泉”加大博物馆参观展示功能，主动与大中小学校联系，邀请浙

在日本“老字号”会展上展出“张小泉”的“龙凤金剪”

江大学、浙江工业大学的中外大学生参观博物馆，参观生产制造线，让中外大学生直接参与手工锻制剪刀和剪刀装配，安排两位国家非物质文化遗产传承人面对面地给中小学生讲解，解答一根铁、一块钢是如何锻制成一把剪刀的，从而让青少年更多地了解“张小泉”的企业文化和刀剪文化，热爱张小泉剪刀。

[叁]张小泉剪刀锻制技艺的传承

张小泉剪刀锻制技艺包含着七十二道工序，要培养一名钳手，

外宾选购张小泉剪刀

不仅需要大量资金投入，以及设备、场地、原辅材料的准备，最关键的是要有这个“人”，一要能吃苦；二要有悟性；三要有热爱张小泉剪刀锻制技艺之心。

要说传承，就是要培养一批又一批能掌握剪刀生产全过程的全才，趁现在部分钳手师傅还健在，由他们传授经验和技艺，许多钳手师傅在听到这一消息时都认为是个好办法，并愿意指点下一代。

但真要达到能向公众演示张小泉剪刀“镶钢锻打”技艺，可能不是一朝一夕能办到的。

外国学生学习制作剪刀

一个办法，就是运用现代化影视设备，邀请身体健康的钳手师傅，分解操作锻制技艺，拍成录像，每一道工序操作全过程摄录以后，再将每一道工序完成后的样品拍摄一个特写镜头。

用文字、画面、录像资料记载张小泉剪刀锻制技艺，同样是一种保护。

传统手工锻制的张小泉剪刀如前述十大特点，在杭州这一“大气开放”的城市里，作为名闻中外的张小泉剪刀具有很高的知名度，现场打制、磨砺完成的剪刀肯定会受到参观者的青睐，会有一

传承人施金水向小学生介绍剪刀锻制技艺

个广阔的市场，如同1929年第一届西湖博览会，刺激了杭城张小泉剪刀的销售，创出年销一百六十万把的纪录。

[肆]张小泉剪刀锻制技艺保护的规划和举措

张小泉剪刀锻制技艺列入第一批国家级非物质文化遗产保护名录，体现了国家对民族传统好东西的重视，在中国能够历经三百多年长盛不衰的民族手工业产品，可说是凤毛麟角。现在政府重视，“张小泉”本身更是义不容辞，积极推出切实可行的规划和举措。

从历史发展来看，传统工艺的产生与成长，从来都是和社会需求密切相关的。张小泉剪刀锻制技艺被国家列为非物质遗产保护名录，是国家对张小泉剪刀传统技艺的一种肯定和褒奖，作为企业，更应该要义不容辞地承担起保护和传承的职责，公司将采取如下保护措施：

采用录音、影像记录、数字化多媒体等技术来实现张小泉剪刀锻制技艺七十二道工序图文并茂、生动形象的真实再现。

做好现在的四十二位钳手师傅的健康档案，对每一位师傅的口授技艺做好记录、摄像及文字记载。

做好锻制民用剪的生产、维护和工作，在年产一百万把的基础上，再增加四十万把。

做好技艺的传承工作，经老艺人的传帮带，在两年内争取培养十名手工锻制钳手。

举办凿花培训班，争取在三年内培养三十名凿花技工，力争在每一个张小泉剪刀专卖店配备一名凿花工，让消费者更直观地认识了解“张小泉”。

在富阳新基地，重新规划恢复一条完整的手工锻制生产线，并实行对外开放，成为杭州一个新的工业旅游景点。

成立中国剪刀研究中心，专门从事剪刀文化研究、剪刀信息收集及剪刀产品开发。

后记

长久以来，我们有一个文字历史的传统、一个文人精英的传统，但我们忽略了生活中还有一个民间活态的传统、一个非物质文化遗产的传统。文化不应只是文字的堆砌物，文化应是人对生命敏感和谐的感受和体验，是人内心的一种精神实体，真正的文化应该是和生命一体的。所幸的是社会已经认识到这点："传承多彩的民族文化，守护人类的精神家园。"对非物质文化遗产进行保护已成为我们共同的责任。

2006年5月，国务院下发了《关于公布第一批国家级非物质文化遗产的名录》通知，张小泉剪刀锻制技艺名列其中。2007年，张小泉的两位退休艺人徐祖兴、施金水被国务院认定为张小泉剪刀锻制技艺的代表性传承人，这是国家对张小泉锻制技艺的充分肯定和崇高褒奖。

作为"浙江省非物质文化遗产代表作丛书"第二批编辑出版的分卷之一，本书详细介绍了张小泉剪刀成名三百四十六年的辉煌历史，以及张小泉剪刀独特的"镶钢锻制"技艺。许多传统的手工技艺历来是通过家族、父子或师徒言传身教得以传承的，张小泉剪刀“镶钢锻制”技艺也不例外，三百多年来，尚未进行过系统的挖掘、整理和研究。为了弥补上述空白，公司先由赵永久、童亮、孙群英，后又充实方醒华、朱寅组成五人编写班子。编写班子逐一上门走访了四十余名手工锻制老艺人，同时拜访了浙江省第一任手工业局局长李茂生、杭州市第一任手工业局局长季不易及相关老领导、老同志，查阅了大量的文献材料，历时近一年，始成初稿，经专家点评，后又三易其稿，方于2009年7月交省文化厅专家审阅。

在编写此书过程中，参阅、摘录了一些相关的文章和专著，还得到了浙江大学教授、著名民俗学家吕洪年先生的帮助和指点，在此向有关同志表示深深的谢意。作为编者，由于对张小泉剪刀锻制技艺的观察、认识、理解尚不能完全到位，因此，错误在所难免，恳望同行和相关专业人士批评指正。

编写组

2009年7月

出 版 人　蒋　恒
项目统筹　邹　亮
责任编辑　刘　波
装帧设计　任惠安
责任校对　程翠华

装帧顾问　张　望

图书在版编目（CIP）数据

张小泉剪刀锻制技艺/杭州张小泉集团有限公司编著．杭州：浙江摄影出版社，2009.9（2023.1重印）
（浙江省非物质文化遗产代表作丛书/杨建新主编）
ISBN 978-7-80686-792-1

Ⅰ.张…　Ⅱ.杭…　Ⅲ.刀剪—生产工艺—浙江省　Ⅳ.TS914.212

中国版本图书馆CIP数据核字（2009）第086881号

张小泉剪刀锻制技艺
杭州张小泉集团有限公司　编著

出版发行　浙江摄影出版社
地址　杭州市体育场路347号
邮编　310006
网址　www.photo.zjcb.com
电话　0571-85170300-61010
传真　0571-85159574
经　　销　全国新华书店
制　　版　浙江新华图文制作有限公司
印　　刷　廊坊市印艺阁数字科技有限公司
开　　本　960mm×1270mm　1/32
印　　张　5.25
2009年9月第1版　　2023年1月第2次印刷
ISBN 978-7-80686-792-1
定　　价　42.00元